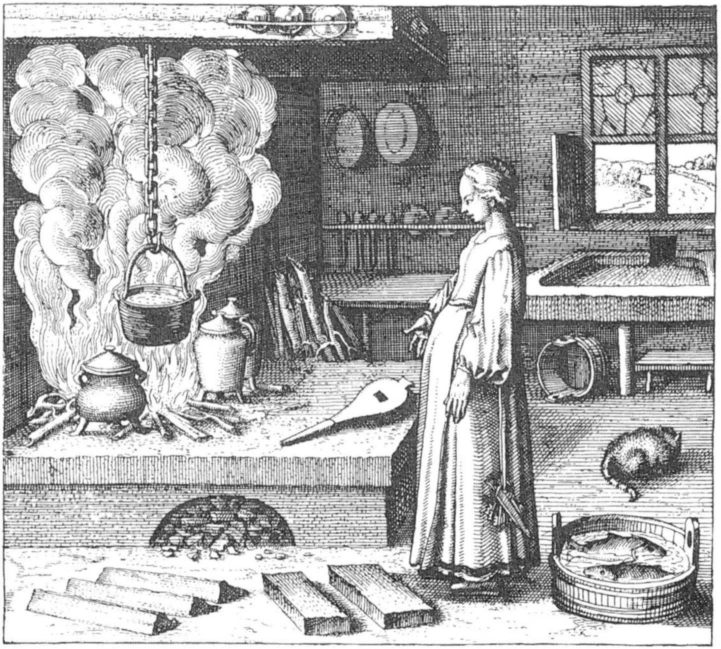

THE ALCHEMIST'S KITCHEN
by Guy Ogilvy
Copyright © 2006 by Guy Ogilvy

Japanese translation published by arranged with
Bloomsbury USA, a division of Diana Publishing Inc.
through The English Agency (Japan) Ltd.

本書の日本語版翻訳権は、株式会社創元社がこれを保有する。
本書の一部あるいは全部についていかなる形においても
出版社の許可なくこれを使用・転載することを禁止する。

錬金術

秘密の「知」の実験室

ガイ・オグルヴィ 著

藤岡 啓介 訳

本書は、
シディ・イブラヒム・イズ・アルーディンと
マンフレッド・ジュニアス導師に
あずかるところ大である
謹んで感謝を捧げる

さらに錬金術を学ぶために：必読入門書
Alchemy: Science of the Cosmos Science of the Son　by Titus Burckhardt
The Practical Handbook of Plant Alchemy　by Manfred M. Junius
Alchemie und Heikrunst　by Alexander von Bernus
The Weiser Concise Guide to Alchemy　by Brian Cotnoir
The Forge and the Crucible　by Mircea Eliade
もまた入門書として高く評価される。
同様に、
The Golden Game　by Stanislas Klossowski De Rula（錬金術象徴を学ぶため）
および
Adam McLeanの運営するWEBサイト、
levity.com/alchemy
（本サイトには錬金術のすべてを学ぶため。本書に掲載されているほとんどの図版がある）

本書の実践的な付編によりさらに学ぶ意欲をもった読者には、
次に掲げる二著が優れた研究書である。
Caveman Chemistry　by Kevin M. Dunn
Formulas for Painters　by Robert Massey

フランシス・メルヴィール卿には、その膨大な資料を秘めた図書室の利用を許された。
デーヴィッド・サットンおよびジョン・マルティノーには編集で厄介になった。
ヴィクトリアは、キッチンでの料理を助けてくれた。

警告：錬金術はきわめて危険である。常に爆発、中毒の危険がある。本書に記載されている手順には、
国際法で禁じられているものがありうる。すべて自己責任で実行されんことを。

もくじ

はじめに	*1*
秘術	*2*
「エッケ・ホモ」、この人を見よ	*4*
火と金属	*6*
自然に帰れ	*8*
硫黄と水銀	*10*
化学の結婚	*12*
ヘルメス・トリスメギストス	*14*
霊薬の作成者たち	*16*
創 造	*18*
元 素	*20*
天空の金属	*22*
鉱物と顔料	*24*
天かくありて	*26*
スパジリア	*28*
アンジェリカ水（天使の水）	*30*
水のアルカエウス	*32*
プリマム・エンズ（第一存在）	*34*
サーキュラタム・マイナス	*36*
マイナーからメジャーに	*38*
オプス・マグナム（大いなる作業）	*40*
ラピス・フィロソフォラム	*42*
金を求めて	*44*

付録

基本的な冶金学	*46*	発酵	*54*
錬金術の化学	*48*	植物と惑星の一致	*56*
バスマス	*53*	占星術の時間	*60*
		錬金術のシンボル	*61*

TABULA SMARAGDINA　ヘルメス・トリスメギストスのエメラルド板

The Emerald Tablet of HERMES TRISMEGISTUS

This is the truth, the whole and certain truth, without a word of a lie.

That which is above is as that which is below,
And that which is below is as that which is above.
Thus are accomplished the miracles of the One.

And as all things come from the One, through the mediation of the One,
So all things are created by this One Thing through adaptation.

Its father is the Sun; its mother the Moon.
The Wind bears it in its belly; the Earth nurtures it.

It engenders all the wonders of the Universe.

Its power is complete when it is turned to Earth.

Separate the Earth from Fire, the subtle from the gross,
Gently and with great ingenuity.

It ascends from Earth to Heaven and descends again to Earth,
Combining the power of above and below.

Thus you will achieve the glory of the Universe
and all obscurity will flee from you.

This is the power of all powers, for it overcomes every subtle thing
And penetrates every solid thing.

Thus was all the world created.

And thus are marvellous works to come, for this is the process.

Therefore am I called Thrice-Greatest Hermes,
for I am master of the three principles of universal wisdom.

This concludes what I have to say about the work of the Sun.

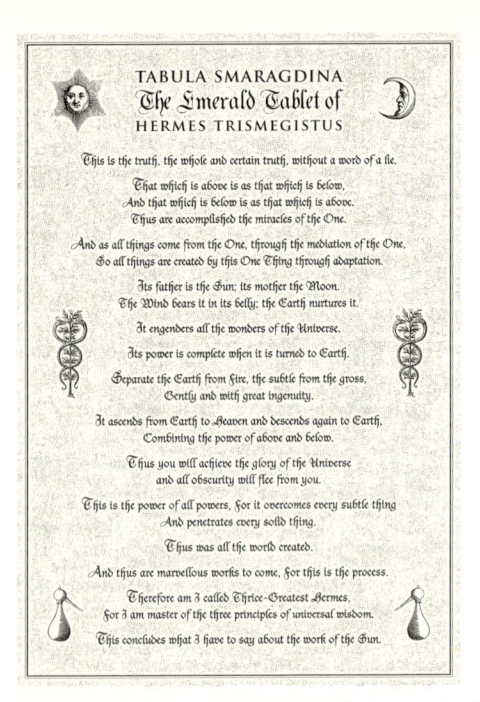

タブラ・スマラグディナ　ヘルメス・トリスメギストスのエメラルド板

ここに真実を刻む。一語の虚言なく、すべて、信に足る真実である。
上にあるものは下にあるもののごとし、しかして下にあるものは上にあるもののごとし
かくて「一なるもの」の奇跡がなされた。
「一なるもの」の力を得て、「一なるもの」から万物が生じたごとく、
万物は「一なるもの」が手を加え工夫をこらして創造された。
その者の父は太陽であり、母は月である。　風はその腹に宿り、大地はそれを鍛え養う。
その力は、大地に向かうとき、まったきものとなる。
火から大地を分離し、膨大なるものから微小をわかつ、
穏やかにして、いとも精妙なる業(わざ)をもちいて。
力は大地から天に昇り、再び大地に降る、上にある力、下にある力を結合して。
かくて、汝は天地万物の栄光を獲得せん　されば、汝に曖昧模糊(あいまいもこ)たるものなし。
これぞ、すべての力からなる力。
すべての微細にして精妙なるものを我が物とし、すべてのものを貫き通すがゆえに。
かくして、万物が創造された。　かくして、驚異の錬金の術が行われん。
なんとなれば、これぞ秘法であり、人は我をして三大ヘルメスと呼び、
しかるがゆえに、我は世界知の三原質を司るものなり。
ここに、我が語るべき太陽のなす業のすべてがある。

はじめに

　「王家の術」である錬金術は、人間が野望にかられて行う事業のなかで、いまだに人々をひきつける摩訶不可思議な「術」である。王や王子自らが行い、また、そうした王族のために行われたので「王家の術」といわれている。古くは紀元前27世紀といわれる中国伝説時代の五帝のひとり黄帝(こうてい)がいたし、17世紀、「術」の研究に没頭したという神聖ローマ帝国のルドルフ2世がいた。

　ところで、この錬金術(alchemy)は正しくはどういうものなのだろうか？　この言葉の起源も定義もはっきりしない。中国では不死の探求を意味している。インドでは製薬法になり、それが、ヨーロッパでは卑金属を金に変成する「賢者の石(哲学者の石)」を求める研究になっている。錬金術はこれら不死、薬、金の三つのテーマを追う研究であって、それ以上のものではない。

　錬金術師は完全主義者で、なにもかも完全に成し遂げようとして、全身全霊をこめて研究にいどんでいる。彼ら錬金術師がどのようにその事業に取り組んだか、それはなぜか——本書で、そうした謎をヨーロッパの錬金術伝説に的をしぼって明らかにしていく。錬金術師たちを導いた哲学と原質、彼らが手にしたもろもろの材料、彼らが「術」を語るときもちいた曖昧でしかも魅惑的な言葉とシンボルを取り上げていく。ここでお断りしておくが、錬金術を理解するのはなまやさしいことではない。思わぬ落とし穴があり逆説が織り込まれている。想像力を働かせ、集中力を高めていどまねば、なかなかに理解できるものではない。

秘　術
金を求めて

　錬金術をこころみて、その代表的な作業にかかると、まず面食らうのは、意味がさっぱりわからないテキスト、それも、奇妙な、調和のとれていない空想的な寓意像が交じり合っているテキストである。「賢者の石」の製造法は、不可解な術語で書かれ、それにヘルメス・シンボルやら魔術的な超現実的な情景の絵が添えられている。絵柄は王家を舞台にしたもので、結婚、内輪もめ、嬰児殺し、国王殺し、両性具有者、それに墓地でのセックスの連続ドラマになっており、しかもドラゴン、グリーン・ライオン、ユニコーン、フェニックス、サラマンダーといった動物寓話集にある動物たちが登場している。これら書物の作者たちのほとんどは、いかにもわざとらしいラテン語風のペンネームであり、その生涯は権謀術策と神秘に富んでいる。17世紀のポーランドの錬金術師ミカエル・センディヴォギウスがそのいい例で、強欲なドイツの君主に二度も拷問をくらい監禁されながら逃亡し、晩年にはルドルフ2世に変成の術を実演している。彼はルドルフ2世に医師として、教育者として長年仕え、その一方で酸素を最初に分離した人物でもあった。

　すべてが曖昧と混迷にあるなかで、哀れ「錬金の術」を学ぼうという新参者はどこから出発すればいいのだろうか？

　錬金術師になろうと思うなら、あるいは少なくとも錬金術の秘薬を何滴か作ろうと夢想しているなら、まず錬金術師と同じようにものを考えなければならない。明らかに、どの時代どの土地であっても、彼らは同じヴィジョンをもっている。事象をそれぞれの語り方で語っているが、実は同じことを語っている。多少のちがいはあるが、錬金術師によると、われわれ人間は、他の事物と同様に、必ずしも理想的に完全無欠である、とはいえない。だが、黄金は別格である。錬金術の物語は、少なくともヨーロッパでは、黄金とそれにまつわる人間の物語である。本書はまさに、人類の黎明期である神話の「黄金時代」から始まる。

2匹の魚は、「錬金の術」の開始と終了を示しており、十二宮の双魚宮を象徴している。

ドラゴンは情熱的なレベルの低い自己と、洗練されていない「プリマ・マテリア（第一物質）」とを示している。プリマ・マテリアは、これから行われる「作業」のために静ひつにしておかなければならない。

あい争う二羽の鷲は、和解に先立つ「精気(精神)」と「魂」、錬金術師の硫黄と水銀の敵対を示している。

ひとたび洗練されると、あい争う原質は高貴になり、変成され、それぞれが気高さと調和をもつようになる。

「エッケ・ホモ」、この人を見よ

ことの始まり

　原始の人間に、意識が生まれてくる。気がつくと、地上に立って、燃え立つ太陽の光を浴びている。空気を呼吸している。見よ、これがホモ・サピエンス。彼は驚嘆する。

　だが、それもつぎつぎとあらわれる欲求にまぎれていく。渇きをおぼえ、水を飲む。幸いにも、水が彼を招き引き寄せる。火、土、空気、そして水。人間を形づくる四元素だ。

　黄金時代に、夜が訪れる。彼は闇を知り喪失感を知る。原始の人間はものに二重性のあるのを知る。夜と昼、光と闇、熱と冷。太陽がないとき、彼はその光、その火を求める。火は神々のものであるが、やがて火を盗めるようになる。火は稲妻として地上に落ちる。

　炎にくるまれた隕石が地上に落ち、そこから、噴火が起こり無残にただれた噴火口が現れる。太陽光は結晶を射抜いて火花を散らし、森が怒り狂って燃えさかる。

　そして一方、彼は水辺でその深みに、水面に映るものに学び、彼の必要とするすべてがあるのを知る。喉の渇きをいやし、空腹を満たし、あれこれと想像をたくましくする。さまざまな色をした粘土に興味をもつ。赤や黄の土の色、血の色、炎と太陽の色。

　白いカオリン（陶土）は、骨、歯、月の色。黒い粘土は夜の色。彼はそれらを見て、触れてみる。彼の指が色に染まる。身体に塗りつける。

　「大いなる業」により色彩を身にまとい、それぞれの人種を色彩で示し、こうして彼は、事物の複製を創造できるようになる。ひとつの事物を思い描いて、自らの手を使い色彩で、そのものの生命の姿を明示する。彼は敵対者、同盟者に対して力を振るえるようになる。彼が周囲に感じる霊あるものは、彼の同胞であり、彼が狩りたてる動物たちは、獣皮、肉、骨となる。

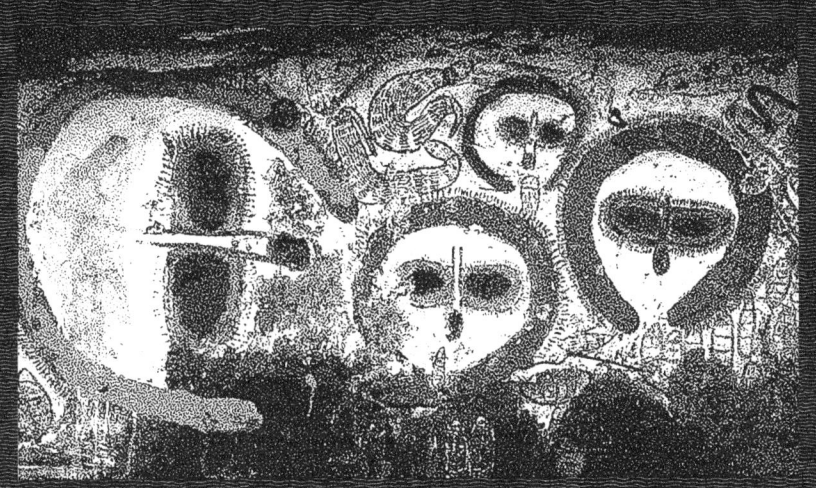

オーストラリア先住民族のワンダジーナ岩画。現世界に生きている不思議な生き物の図。伝説では、赤いオーカーは先祖の霊が地上に落下したとき形成され、こうした絵を描くため採掘された。赤いオーカー、白いカオリン、黒い木炭は今日でも色材としてもちいられている。

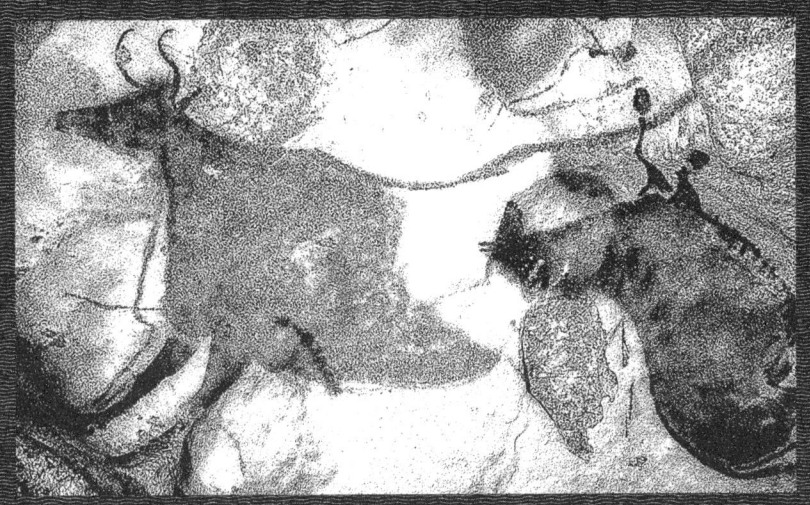

フランスのラスコーにある旧石器時代洞窟の絵。顔料は、マンガン鉱やヘマタイト鉱を微細に磨り潰ぶしたもの(ヘマタイト鉱には赤いオーカーと同じ酸化鉄が含まれている)。この顔料を口に含んで吹き付けたり、指で軽くたたいてすりつけ、動物の霊に形を与えている。

火と金属

黄金時代から鉄器時代に

　河床には何種もの色ちがいの粘土があり、固形の、混ざりもののない金もあった。それはきらきらと輝き太陽の色をして、貴重なものだった。そのままで重く、硬く、しかも硬すぎない。石で加工でき、おもいのままに装飾品が作れるし、それらの加工品はぼろぼろに砕けもせず、腐敗もしない。

　しかし、金はすぐ手に入るたぐいの金属ではなかった。隕鉄は地面にむき出しで転がっていた。鉄はにぶく、硬く、加工しにくかったが、金に似た性質があった。外観は土のように見えるが、天から落下してきたものと信じられていた。畏怖の念を抱かせ、神秘的な、天の産物のように高貴なものと思われた。隕鉄（金属鉄からなる隕石）から作った装飾品は魔術的な性質をもっていた。だが、この金属を有効に加工できるようになったのは、人類が初めて火を自由に使えるようになってからである。

　似たような物質がさまざまな物質とまじりあいながら、金が層になって地中に伸びているのと同じように、母岩に隠れているのが発見された。火を使うようになり、これらの物質は分離される。

　火は物を変形・変容させる。火はわれわれの生活を変える。川の粘土を焼いて、料理に運搬に、貯蔵にもちいる容器が作られる。岩石から金属を抽出するには高熱を必要とするが、高熱に耐えられるレンガでかまどが造られた。抽出した金属をあらゆる工具に成形鋳造する。まずはハンマーと火ばし、ついで刃物、すきの刃、武器。

　こうして火を十分に使えるようになると、土地争いが始まるようになる。

　完璧と永久不変の象徴であるにもかかわらず、金はわれわれに変化の道を歩ませている。それは工業的な機械の時代、核技術、そして「賢者の石」へと導いていく。

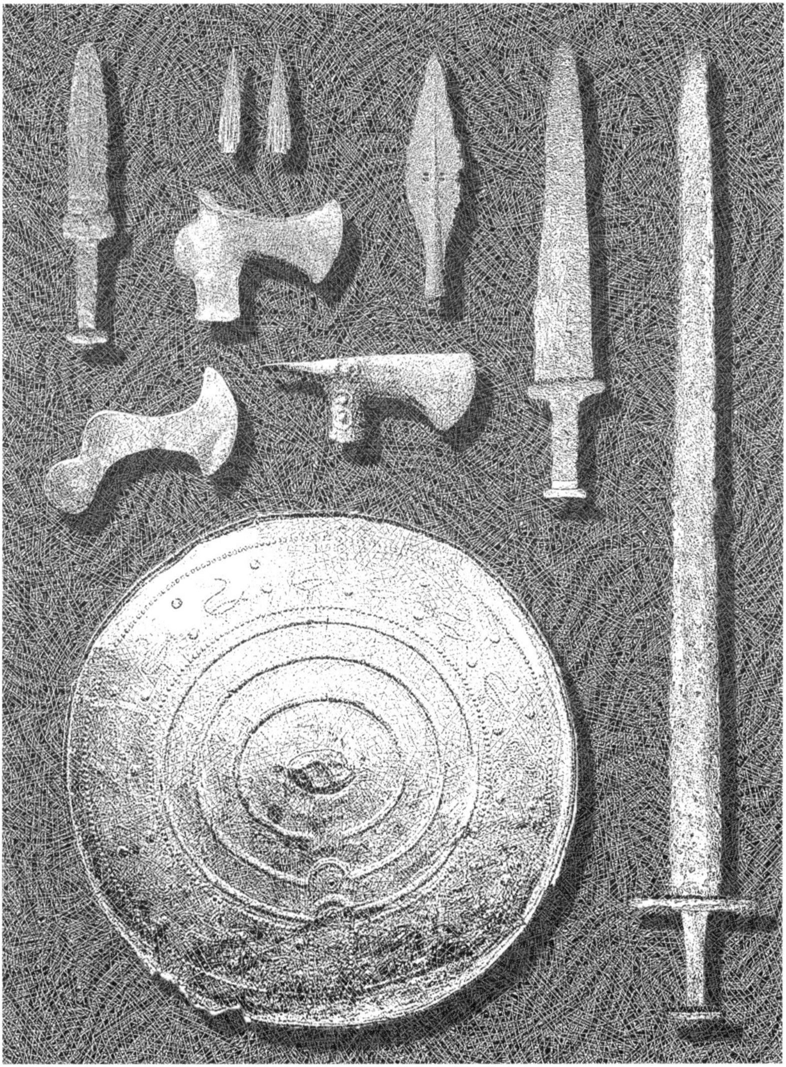

自然に帰れ

生命の原質

こうして人間はさまざまな技術を駆使するのだが、四元素を自由にあつかうことはできず、地上にあるすべてのものと同様に、依然として環境の一部として存在しているだけである。したがって錬金術師たちは、「自然」がすべてのものを一体化し、それぞれのもつ個々の性質を支配する原理、すなわち彼らの言う「原質」であると信じ、また、「自然」にあるすべてのものは、自分たち人間に反映され、自分たちが「自然」の一部であるのを知ることとなった。

錬金術師にとって、「自然」の中にある生命を与える普遍的な原質は「精気（スピリット、精神）」であり、万物が独自にもつ本質は、その「魂（ソール）」である。これに第三原質である「肉体」が加わり、「トリア・プリマ（三元質）」を形成する。

この中心的な主題を理解するもっともたやすい方法は植物界を訪れることで、三つの原質をわかりやすく識別できる手がかりがある。植物が発酵してできたアルコールは植物の精髄なので、英語では「スピリット」と呼ばれる。ブドウ、穀物、あるいは幻の根茎類であるマンドレイク（マンドラゴラ）にも、植物界の普遍的な原質である同じ精気が存在している。植物の個々の本質である「魂」は、その植物の精油（エッセンシャルオイル）に存在している（バラは数多くの名をもっているが、その香気はバラ独特のものである）。「肉体」は三番目の原質で、目に見えない不可視の「塩」である。「塩」は植物の灰から「総体から微細を分離」して抽出したものである。

植物の「塩」は、植物界と鉱物界の架け橋としていずれにも協力的に作用する。鉱物界は本格的な鉱物錬金術への入り口であり、錬金術の作業は神秘的であり、錬金術師の「魂」が変成されていくもろもろのプロセスを反映している。こうしたプロセスへの鍵となるものが「トリア・プリマ」の相互作用である。したがって、これらのプロセスを詳しく調べ、錬金術師たちがもちいている豊かなシンボリズムを見ることにしよう。

「風はその腹の中に風をはらんでいる」。ここでは擬人化した表現になっているが、風はすべての錬金術師が識別しようと求めている神秘的な「一なるもの」をはらんでいる。「はじめに」の前頁にある「エメラルド板」を参照。

「自然に従え」とパラケルススが語っている。図では錬金術師が眼鏡をかけ、カンテラ、杖を手にして女性である自然の足跡を追っている。

サラマンダー（山椒魚、高炉にたまった難溶性物質を象徴する）は四元素のうちの火の「精気」である。ここで理解すべきは、すべてにおいて精妙を極めている火と、「ありきたりの火」とを混同してはならぬことである。

「大いなる業」を開始するためにもっとも適切な時期を決めようと、2人の錬金術師が天体の運動とその相互関係を観察している。

硫黄と水銀

対立物の調和

　錬金術の専門用語では、「魂」と「精気」を「硫黄」と「水銀」という名称で置き換えている。ふつうにある硫黄や水銀とはまったく異なるもので、これらは、まさに創成の暁に発生する存在の第一原質である。この二者は対になっていて、両極にあるがそれぞれ相補い調和していると考えられる。

　中国思想の陰陽のシンボルのように、たがいに形が似ているだけでなく、各々の発生の原点を互いに含んでいる。したがって、無数の矛盾した解釈が行われ、古典的な錬金術の秘法をさらに混乱させている。

　硫黄は、「魂」とみられていて、「魂」のもついくつかの「精気」の個別の「意識」である。熱い、乾いた、燃え立つ、といった男性的な原質であって、能動的で種を発生し「太陽神」「石の父」といわれる。硫黄は物体の「エイドス(形相)」で、物体そのものではなく観念である。硫黄のシンボルには、「太陽」、「雄鹿」、「赤いライオン」などがある。硫黄が浄化されていない状態は「赤い男」であって「白い女」と争う。男が高位に浄化されると「赤い王」になる。

　水銀は「精気」とみられていて、生命の力、万物の「普遍的な魂」である。水銀は受動的で、女性的であり、冷たく、湿っていて、永遠の女性「プリマ・マテリア」である。

　すなわち、第一物質であり、母体であり、万物の母である。精錬されていないとき、水銀は「ドラゴン」、「蛇」、「緑のライオン」をシンボルとし、「白い女」が高位につくと「白い王妃」あるいは「白いライオン」、「ユニコーン(一角獣)」あるいは「月」、あるいは「自然の中の処女神性」となる。

　第三原質は「塩」で、「硫黄」と「水銀」の橋渡し役をつとめる。両者の火付け役であり、結合体である子供であり、両極がバランスを保つための調和点である。

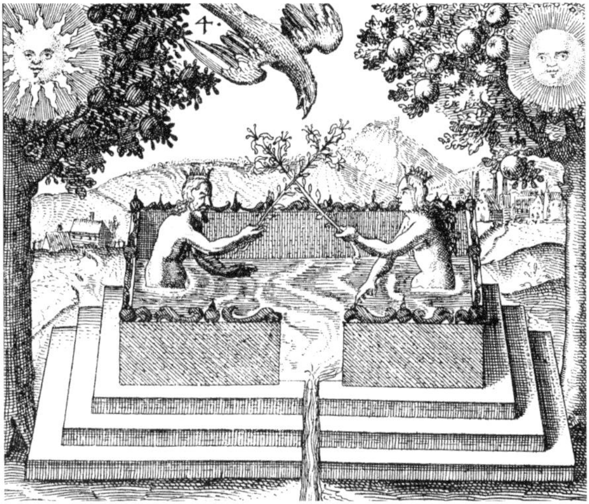
4.

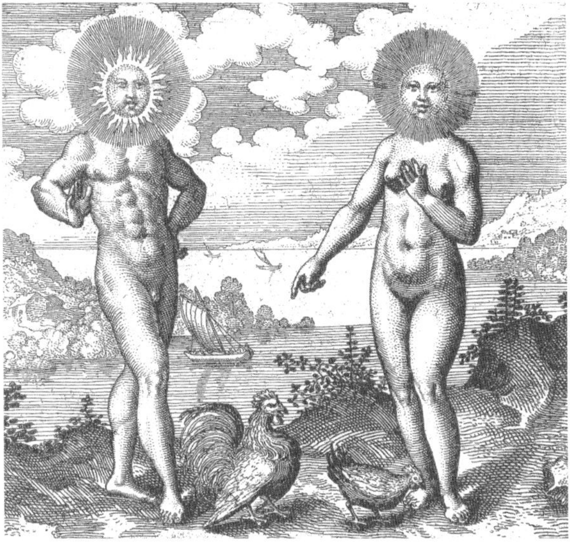

化学の結婚
太陽と月の結婚

　人類は逆説的といっていい生き物で、その行動や心情は矛盾にあふれ、相反する熱情にとらわれている。「魂」は世界を支配しようとし、「精気」はひたすら幸福であるようにと願っている。錬金術ではしばしば、この「魂」と「精気」の争いが抜き身の剣をもつ男と、鷲をもつ女で象徴されているし、あるいは2匹のあい争う動物となり、それは2匹の鷲であったり、雄犬と雌犬であったりする。いずれもその争いは興奮した交合と死にいたるもので、愛と憎しみの関係が、何も生み出すことなく導くことを象徴している。

　この野獣的なサイクルから逃れるためには、調和が達成される以前に、本質的でない、必要としないものを取り除かなければならない。つまり、総体から微細なるものを分離するのだが、「魂」と「精気」が物質的な状態で繋がれている限り、両者は自由にならない。とくに難しい話ではない。真の「自己」と「肉体をもつ自分」とをまったく同じものであると強く認識すると、すなわち、そこに同一性を認めると、われわれは死すべき肉体と死をわかち合わなければならない。したがって、同一性を認めるのは誤りであり、この同一性が破棄されなければ、真の「自己」が明らかにならない。同様に、種を見てみよう。種は外殻が朽ちて落ちてしまわなければ花が咲かない。物質的な肉体を分解する物質は「哲学的な水銀」である。精錬された精神的な溶剤で、これをつくりだすことが、実験を重んじる錬金術師にとって最大の試練となる。

　「魂」と「精気」の両者が有限である状態(肉体)から解き放たれると、両者の「原質」は純化され、調和され、こうして初めて両者の聖なる結合が行われる。これが、「赤い王」と「白い王妃」との化学的な結婚である。この結合による子が超越的な両性具有の子、「精気」が吹き込まれた子である。この不死で、精神的に昇華された「魂」の図が、18世紀の作者不明の大著『月と太陽の半陰陽の子』に描かれている(右頁)。

まだ精錬されていない攻撃的な硫黄が、ここでは「赤い男」として擬人化されている。「赤い男」が「白い女」である水銀に、己の奔馬のように猛り狂う熱情を注ぎ込もうとしている。「白い女」は従順ではなく、「赤い男」に逆らっている。「男」はその技法を上達させなければならない。

両性の闘争は、ここでは残忍な結合となり、カニバリズム（共食い）の饗宴となっている。両者は死せることになるが、錬金術師は死から両者を蘇らせる。

恋人たちは、婚礼の床で幸せに結合している。太陽と月が満足気にそれを眺めている。恋人たちの「精気」は調和し、昇華する。錬金術師は2人の結合の結果を待っている。

太陽と月である硫黄と水銀は、水辺の洞窟でひそかに抱き合う。月は両性具有者の子を孕（はら）み、やがてこの子は形をもち、水銀を含む水から現われてくる。

ヘルメス・トリスメギストス

いたずら好きな、霊魂を冥界に導く者

　ヨーロッパ最高の錬金術の天才、そしてすべての錬金術師が神とも頼む指導者は、伝説的なヘルメス・トリスメギストスである。古代の賢人の一人とされ、アラブでは預言者イドリース(エノク)と同じ人物と考えられている彼は、ギリシア神話のヘルメス神(ローマではメルクリウス神)とエジプト神トトの聖なる資質をあわせもっている。

　ヘルメス神は天と地を仲介する聖なる使者であり、四つ辻に立ついたずら好きの妖精である。商人と泥棒、そのいずれもの保護者である。一方、トト神は、聖なる科学の保護者であり、仲介者でもある。彼は存在のすべてのレベルで機能していると考えられている。神々に仕えるだけでなく、神々よりも以前に存在し、神々を創り出すことさえしている。神出鬼没の大魔術師で、行動するロゴス(言葉)である。

　ヘルメス・トリスメギストスは歴史、伝説、神話が交差するいたるところに現われ、人々の目を引きつける策略家である。彼はさまざまに役割と姿を変える、元型的な「トリックスター」で、精神世界と物質世界の師となる。すべての有極性の間でバランスをとり、しばしばヘルメス神(メルクリウス神)と同一視される。

　トリスメギストスのものと認められているのは、『ヘルメス文書(ヘルメティカ文書)』と呼ばれる、まとまった文書で、初期キリスト教時代のアレクサンドリアで書かれた。しかし、あきらかにこれよりもさらに古い時代の霊感がみとめられる。ルネサンス期に初めてヨーロッパにもたらされると、その文書の発見は激しい衝撃を与えた。ヘルメス・トリスメギストスは人間を、聖なる天意を達成するのに必要なすべてをもつ「神のイメージ」で作られた小宇宙(ミクロコスモス)とみなし、「大いなるミラクル」であると述べている。もっとも人口に膾炙しているヘルメス文書は「エメラルド板」で、「大いなる作業」を語る謎のような手引書である。この文書は本書の冒頭に掲げた。その意味は深く測り知れない。

古代エジプトの神殿で、トキの頭をもつトト（図左上）が、生命の象徴である「アンク」と2匹のヘビが絡み合った2本の杖をかざしている。ヘルメス・トリスメギストス（図右上）は、古代の天球儀「アーミラリ天球儀」をもつ手で上をさししめし、左手は下を指さす。水星であるメルクリウス（図下）は極性相反する二極の間で瞑想している。そして両の手にそれぞれ、調和の表象である「使者の杖」をもつ。杖にはそれぞれ2匹のヘビがからみついている。

15

霊薬の作成者たち
医師、汝自らを癒し治癒するものよ

　霊薬は、ヘルメス文書が主として取り上げるテーマで、一連のテキストでヘルメスはアスクレーピオスにその製法を教えている。アスクレーピオスはギリシア神話の半神半人の医師で、1匹の蛇が巻きつく棒をもち、この棒は「アスクレーピオスの杖」として医術の国際的なシンボルとなっている。また、2匹の蛇がまきついている「ヘルメスの杖」も、医術のシンボルとして広くもちいられている。ヘルメスの杖によって象徴される「完全な均衡の保持」は全人的医療(ホリスティックメディスン)の目的とされる。

　このように、すべての錬金術師たちは「ヘルメスの息子と娘」であるので、自分たちを癒しの医師であると考え、「賢者の石」そのものが万能薬であるとしている。アッバース朝の哲学者ジャービル・イブン・ハイヤーン(721〜815)、神聖ローマ皇帝ルドルフ2世の侍医ミハエル・マイアー(1568〜1622)、イギリスの神秘思想家ロバート・フラッド(1574〜1670)、彼らは著名な医師であると同時に、伝説的な錬金術師でもある。

　錬金術師が医術として最初にしたことは、霊薬を作り出すことだった。錬金術師は霊薬を作るとき、それがローズマリーを原料にしたら、まずこの木そのものを完全に育てなければならない。化学者は作り出す薬剤を、生命を失った植物から精製した単なる化合物と考えるが、錬金術師にとって、彼らが作り出す化合物は、精製される以前の原木よりも生気のあるローズマリーのイデア(観念)である。この霊薬はローズマリーのイデアに完全に共鳴しているのだ。

　錬金術師はこうした異常な考えを抱いているのだが、その理由を理解するためには、天地創造の始まりにまで戻り、さらに錬金術哲学が拠りどころとしている形而上学的な原質をわがものとしなければならない。

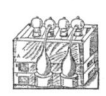

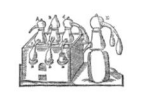

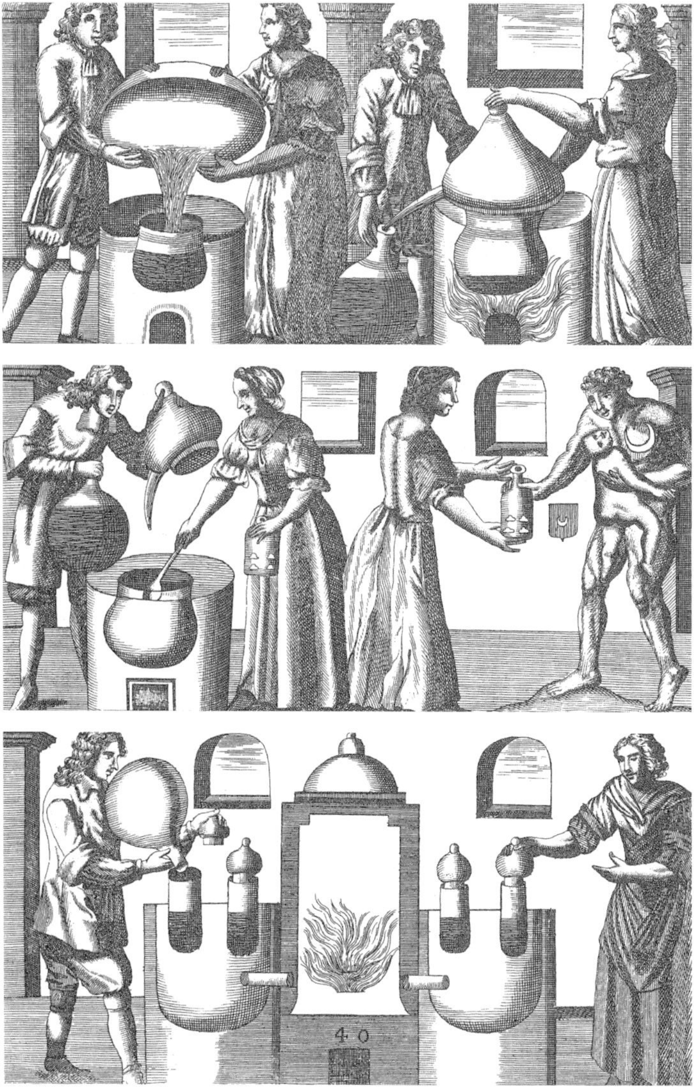
4 0

創　造

その始まり

　錬金術師にとって、創造は「一なるもの」が行う「大いなる作業」である。それは森羅万象、ことごとくに霊魂を注ぎ込み、活性化する。物質が意識を生み出すという現代の理論に反して、錬金術師の創造観は神話的で、「精気」が物質に先行したとする。したがって、錬金術師が行う「大いなる作業」は朽ちた物質に「精気」を与え蘇らせるものになる。

　ヘルメス文書に描かれている創生神話はきわめて魅力的だ。ヘルメスは聖なる一者（ユニティ）の苦痛にみちた犠牲を目撃している。それは「真空」を引き裂くもので、「ロゴス（言葉）」の神秘的な出現が、曇った闇を凝結させる。「水分を含んだ物質」、すなわち「プリマ・マテリア（第一物質）」に凝結する。「ロゴス」は「神の息子」、創造の原質、エイドスであり、その種は混とんの海にまかれ、万物の形相の母体になる。こうして、「一なるもの」は内省を重ねながら「二」になり、それは第三原質を生む。第三原質は、古代エジプトの神トトのように、この対立を和解させ支配し、生殖のエネルギーをそそぎ、また生まれ来るものの助産婦として、実り豊かな結合を可能にする。

　こうして三つの「哲学的原質」が確立する。まず、「硫黄 ♀」（ロゴス／エイドス）、ついで「水銀 ☿」（プリマ・マテリア／ヒーレ）、そして「塩 ⊖」という三原質である。こじつけになるかもしれないが、このシナリオの中に水銀の要素がすでに書きこまれているなら、硫黄、水銀、塩の三原質説は成立し、認められるはずである。「絶対者」以外の者には絶対意識を作れない。錬金術師は柔軟で敏感な理解力を備えなければならない。これら高邁な概念は錬金術師の実験室で地上にもたらされる。それについてはこの後、さらに明解してゆく。

　この三原質の相互作用から、「四元素」という概念がまず生まれてくる。それらは、すべての被造物の鋳型である。

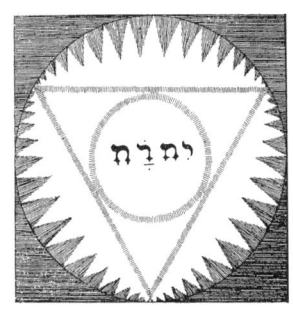

その始まり：天と地の創造

地は形を成さず、深奥にあるその面を闇がおおっていた。

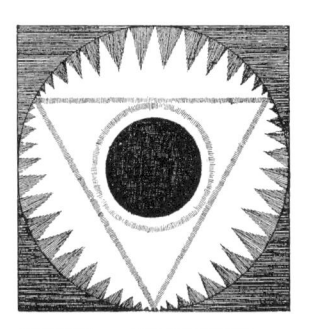

「精気」が上へと昇り水の面に出た。

命令が下された。善きもの、光があらわれる

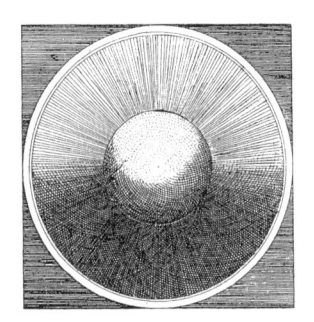

かくして、光は「昼」と呼ばれ、「夜」と呼ばれる闇から分かたれた。

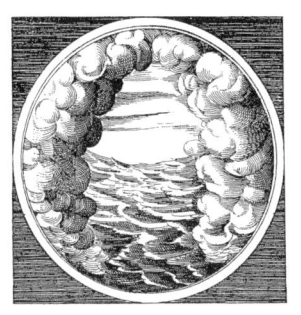

水を他の水からわかつその中心に蒼穹をおくべし。

元 素

火、水、土、そして空気

　四つの哲学的元素は三角形で象徴される。上昇する「火△」と「空気△」は上を指し示す三角形で、下降する「水▽」と「土▽」は下を指し示している。「空気△」と「土▽」の三角形は組み合わされて、それぞれが上方にも、下方にも動かない。四つの元素は一つのまとまりとして、十字印✚の記号で示される。(本書でもちいるシンボルは、61頁の一覧表を参考のこと)。物質の現れに先立つ元型的な形であるこれら元素は、化学における元素とも、また、同じ名前をもつ一般の物質とも混同してはならない。

　それぞれの元素は、二つの対照的な元素のもつ性質を分ちもっている(右頁)。この性質によって、「元素の循環」として知られている物質の内部の周期的な変成を促す力が与えられた。火△はもっとも揮発性の高い元素であり、土▽はもっとも固定した(揮発しない)もの、火△と空気△は男性的元素で、土▽と水▽は女性的な元素である。錬金術師たちはすべての物を四つの元素の性質を混ぜ合わせた「混合物(ミクスタ)」であると考えている。たとえば、ふつうの水とアルコールはともに「水」であるが、水はその中に多くの空気△をもち、アルコール(「火の水」)は、その中に多くの元素状態の火△をもっていると考える。

　古代からの宇宙論では、「元素」から最初に創られたのが「天空」、「黄道帯」、「動かない星々」で、それについで七つの惑星が生成するとされた。「惑星(プラネット)」という言葉は「放浪する」という意味の語源をもっている。それぞれの惑星には特別な性質があり、その性質は、地上の万物と個々に共鳴し影響を与える。

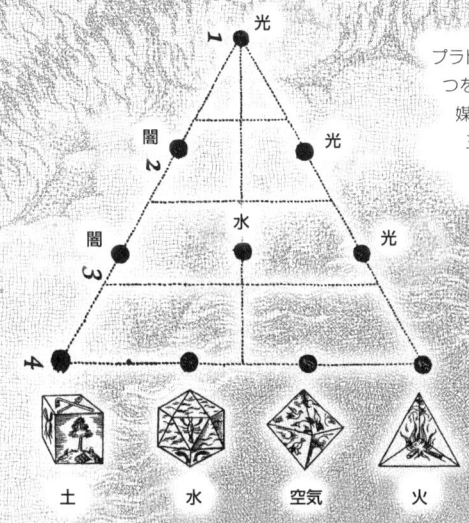

プラトンの考えでは、火と土は、ふたつを調和のとれた状態に結びつける媒介物を必要とした。

三つの流体元素である火、空気、水は、各面が正三角形の幾何学的な立体として理解された。それぞれの正三角形は、6個の小さな正三角形の原子で構成されていた。土は立方体であると考えられ、その各面は4個の正方形の半分である三角形の原子で構成されていると考えられた。

中世のアリストテレス学派の研究は、「熱」「冷」「乾」「湿」の諸性質に注がれていた。
「火」は「熱」と「乾」、
「空気」は「熱」と「湿」、
「水」は「冷」と「湿」、
「土」は「冷」と「乾」、
と結びついて、
元素が四つの対になっている。それぞれの元素は、何らかの性質を共有する二つの元素と、それと対立する元素とをあわせもっている。

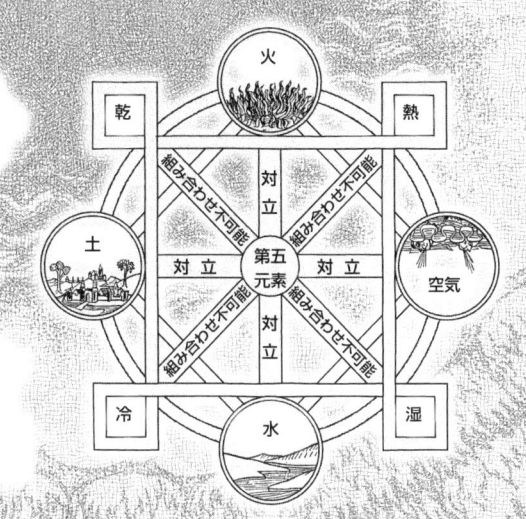

天空の金属

壮大な七つの星

　古代人と同様に、錬金術師にとって七つの惑星は、天空における七つの聖なる存在である。伝統的な惑星の序列は、恒星を基準として、惑星の動きを観察した結果定めたもので、紀元前700年ころの古代カルデア占星家たちの記録が使われたと思われる。この序列は下に掲げる図にあるようにみごとなパターンで示され、一週間の曜日にも惑星の名がもちいられた。

　もっとも明るい天体は太陽(☉)、月(☽)、金星♀で、金、銀、銅とされた。これら三つの金属は光を放ち、自然界で容易に見つけられ、加工しやすい。古代の金属学は、さらに四つの純粋な金属を見つけ出している。鉄、錫、鉛、水銀で、これらは他の四つの惑星に対応している。ゆっくりと運行する土星♄はどっしりした鉛が対になっており、燃え立つように赤い火星♂は好戦的な鉄に似ている。動きの速い水星☿は流体の水銀に呼応していて、錫は木星♃から放たれる稲妻のように音を立てる。

　これらの金属の「魂」を浄化しようとして、錬金術師たちは惑星を探求した。低位の対「土星・鉛」から高位の対「太陽・金」まで、それぞれに共鳴する相手がある。英語における人の性格を描写する形容詞、saturnine（むっつりした）、mercurial（移り気な）、jovial（陽気な）はそれぞれが土星・水星・木星の性格を表している。動物や植物も惑星の性質をもっている。ライオンは太陽であり、ユニコーンは月である。一方、トゲのある植物は火星に支配され、リンゴは金星に支配されている。

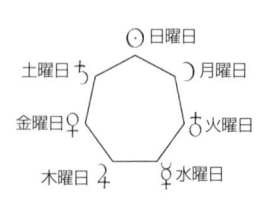

週の曜日

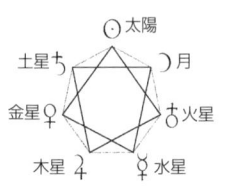

カルデア式占星術の惑星順
月☽から土星♄へ

原子番号順の金属
鉄♂から鉛♃へ

上図のように惑星の記号は、三つの構成要素、すなわち、太陽(ソル)☉、月(ルナ)☽、四大元素✚で成り立っている。上図は、「白い石」の作業(小錬金術)で、左下の土星♄から作業は始まる。土星のなかの月の原質は、四大元素によって闇の中で輝きを失っているが、木星♃のように四大元素と対になって現れると、その後、輝く月となって自分自身を解放する。

　右の図では、「赤い石」の仕事(大錬金術)が、色彩豊かな金星♀とともに始まる。金星では太陽の原質は、四大元素を支配しているが、かたく結びついている。火星♂では、太陽は四大元素に包摂されていて、その後、自分自身を純粋な中央に輝く太陽☉として解放することによってのみ自由なる。水星はこの大作業を監督する。作業が長く続く可能性があるので、水星☿の記号では、三つの成分のすべてがもちいられている。

鉱物と顔料

芸術の秘密の色彩

古代の賢人は、聖なる芸術における惑星と金属の関係を表現するときに、さまざまな実践的な方法をもちいている。ごく初期のものとして知られる顔料は酸化鉄で、紀元前30万年以前から使われている。冶金、陶芸、ガラス工芸では、それぞれの工芸に役立つ精妙な色彩を、自然界にある鉱石から発見し、もちいている。古代エジプトでは芸術家たちが素晴らしい色彩を生み出しているが、なかでも銅珪酸塩で無類のエジプシャンブルーを発明したことは特筆してよい。これはもっとも古い芸術的な顔料として知られ、初めて天の色をとらえたものである。

右頁に掲げるラファエロ（1483～1520）の『磔刑(たっけい)』は、錬金術における惑星と金属の対応を十分意識して顔料をもちいた例で、前頁で示したものと同じ、伝統的な惑星の配置を構図にしている。

太陽⊙と月☽には金と銀が使われている。金星♀と火星♂には、銅と鉄の顔料がもちいられていて、太陽⊙の下に描かれている天使の緑のローブを彩色している。土星♄と木星♃には、鉛と錫の黄色の顔料を使っていて、月☽の下にある天使が着るゆったりとした衣服を描いている。中央のキリストの血と下帯は水銀と硫黄を合成した朱色の顔料で描かれている。中国人はこの色の顔料を永遠なる生命を表わすと信じている。

(図の頂点から時計回りに) 自然は火により完全に新しくなる　火は自然を新しくする
自然は火が清廉であることを維持する　露は硝石と火に出会う

天かくありて
地もまた

　顔料と霊薬が混合されても、それが適切な瞬間に行われなければ真の錬金術とはいえない。タイミングがあわなければ、惑星との共鳴を最大にできない。そのために、天体の動きを理解する必要がある。

　七つの惑星は、太陽年を分割している十二宮の12の星位を移動している。惑星は常に位置を変えていて、その瞬間ごとの特別な位置関係が決定される。内部的にみると、七つの惑星が魂の七つの特別な方法を表している。七つの方法は、錬金術師が「大いなる仕事」を成し遂げる助けとなる。一方、十二宮は12のプロセスに対応しており、「魂」が「絶対者」へ帰還する道を周期的に維持しなければならない。

　北半球では、占星術的で錬金術的な「1年」が、1日の昼と夜の長さが等しい春分に牡羊座で始まる。春から真夏までのプロセスは「太陽」の上昇を印している。そしてこの後は真冬の死に向かって下降する。そして再び春の復活になる。これに関連して、植物界はもっとも太陽に依存する王国として、太陽年と結びついて繁茂し衰退していく。一方、「月(ルナ)」の月ごとの満ち欠けは、植物の液汁をコントロールしており、上部に液汁を引き上げ、根に戻していく。薬草錬金術師は、それゆえに、次のパラケルスス格言を心にとどめておかなければならない。

「……星の本有的な性質を知らなければならぬ。医師が患者の性質を理解するように、その外観と特性を理解しなければならない。そして、星についても、どのような関係に位置しているか、その一致を……万物は元素の母体から育ち生じることを理解しなければならない……医術は天から授かるものであり、このことなくて価値がない」

白羊宮・焼成		♈	♋		**巨蟹宮・溶解**
火の活動、大気中の鉱物で					物質の溶解、あるいは反応
金牛宮・凝結		♉	♌		**獅子宮・蒸解**
冷やして濃化					時間を与え、連続的にゆっくりと加温
双児宮・不揮発化		♊	♍		**処女宮・蒸留**
揮発するものを固体で、あるいは液体でとらえる					流体の上昇、降下

天秤宮・昇華		♎	♑		**磨羯宮・発酵**
固体の上昇、降下					物質の生物学的な活性化
天蠍宮・分離		♏	♒		**宝瓶宮・増培**
溶けるものから溶けないものを分離する					「賢者の石」の潜在力を増大させる
人馬宮・柔化		♐	♓		**双魚宮・変容**
硬い材料を軟らかくする					「賢者の石」の神秘的な作用

スパジリア

瓶に精霊を入れる

さて、ここで霊薬に入ろう！ スパジリア(spagyria)という言葉はドイツの偉大な医師パラケルスス(1493～1541)が錬金術(alchemy)と同義でもちいたもので、ギリシア語のspao(抜き取る)とageiro(集める)を複合した言葉だ。これは錬金術でいっている *"Solve et coagula!"*(「溶かし固めよ」)と同じ意味であるが、錬金術の霊薬を作るときにはふつう「スパジリア」の方が使われている。スパジリア霊薬を作るのは、錬金術のアイディアと熟達した技術をしっかり身につけてから始めるのが理想的である。そして、主要なほとんどのプロセスは、いくつかの基本的な装置を使って、実験室で行う。植物から霊薬を作るときは、作業は平日に行い、その植物の惑星支配者(56～58頁参照)に対応した惑星時間の間に開始しなければならない。

基本的なスパジリア・チンキは、薬草を磨り潰し、温かいグレープブランデーを入れた壺に2週間つけてふやかす。このブランデーは、植物水銀☿(アルコール)をすでに含んでいて、薬草の硫黄🜍(必須オイル)の成分が浸出する。こうしてから、チンキをろ過し、溶けやすい「塩🜔」が植物残留物から苦労の末抽出される(30頁の説明参照)。ここで本質的なものから本質的でないものを分離する。全体から、ほんのわずかの本質(エッセンシャル)が得られる。最後に🜔が、🜍と☿チンキに加えられ、三原質の再結合が行われる。捨て去る唯一のものは、溶解しない植物由来の残留物である。

蒸留(右頁)はより洗練されたスパジリア作業の重要なキーである。水に浸して蒸留すると、植物硫黄🜍が抽出される。硫黄は蒸留物の表面に集まり、たやすく抽出できる。水銀☿はその植物を発酵させて抽出したものである(54頁参照)。しかし、水銀☿は普遍的で(すべての植物で同様)、蒸留すると、少なくとも純度96%のエタノールが得られる。

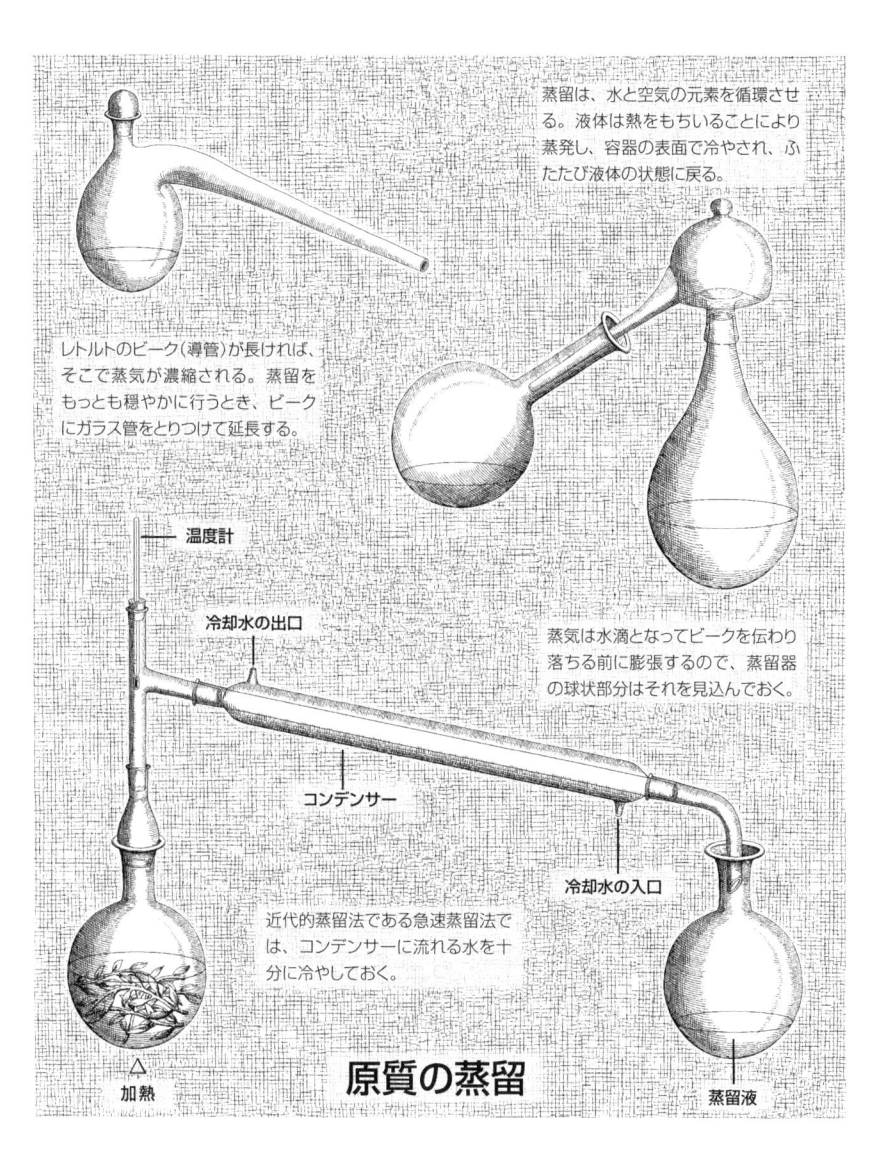

蒸留は、水と空気の元素を循環させる。液体は熱をもちいることにより蒸発し、容器の表面で冷やされ、ふたたび液体の状態に戻る。

レトルトのビーク(導管)が長ければ、そこで蒸気が濃縮される。蒸留をもっとも穏やかに行うとき、ビークにガラス管をとりつけて延長する。

― 温度計

冷却水の出口

蒸気は水滴となってビークを伝わり落ちる前に膨張するので、蒸留器の球状部分はそれを見込んでおく。

コンデンサー

冷却水の入口

近代的蒸留法である急速蒸留法では、コンデンサーに流れる水を十分に冷やしておく。

加熱

原質の蒸留

蒸留液

アンジェリカ水（天使の水）

聖なる火を集める

　自然は神秘的な恵みに満ちている。ありふれた露は「天」と「地」の蒸留されたエキスであり、「宇宙の精気」、「聖なる火」が凝結したものである。それを集める最上の方法は、浄化した植物塩をもちいることだ。植物塩$\ominus$は吸湿性が高く、大気から蒸気を吸収する。植物塩$\ominus$は、植物と鉱物の二つの界を結合する遷移物質であると、錬金術的には理解されている。

1. いかなる植物であっても、灰になるまで燃やす。オーク材の樹皮がもっともよい。
2. 大きなポットに、雨水の20倍の灰を加える。
3. 20分煮沸して水溶性の塩 ⊖ を抽出する。
4. 大きな平鍋で冷まし、ろ過する。
5. 塩 ⊖ が固まるので、すばやくかき混ぜ、この液体を蒸発させる。
6. 乾燥した塩 ⊖ を磨り潰し、平鍋で加熱する。これを煆焼(かしょう)といい、チョークのように白くする。
7. 風を最大限に送り、約500℃の温度で数時間、ガスバーナーをもちいて灰になるまで焼く。
8. 冷却した塩 ⊖ を、よくろ過した雨水で蒸留する。
9. 上の4から7までの段階を、塩 ⊖ がまっ白になるまで、少なくとも2回繰り返す。
10. 1から9までの段階を、少なくとも塩 ⊖ が2杯とれるまで繰り返す。
11. 夜遅く、理想的にはよく晴れた春の夜に、月 ☽ が満ちていくとき、塩 ⊖ を板ガラスか磁器の皿で薄く広げる。
12. その皿を屋根のない外の、地面からかなり離れた場所に置く。
13. 日の出に皿を集め、その中身を蒸留フラスコに注ぐ。皮膚や金属に触れないよう注意する。少なくとも部分的に塩 ⊖ が液状になっているはずである。
14. この「アンジェリカ水」を静かに、塩 ⊖ が乾燥するまで蒸留する。
15. 黒色のガラス壺に注ぎ込み密封する。
16. これは数え切れないほど使用されるものであるので、同じやり方で塩 ⊖ を蓄えてゆく。そうすると、徐々に「聖なる火」が満ちてくるであろう。

　こうした方法で作られる塩 ⊖ が、「サル・サリス(塩の塩)」、「適正なる塩」である。また「サル・サルフィラス(硫黄の塩)」という別の名称の塩 ⊖ もある。これは硫黄 ☿ と水銀 ♀ とを蒸留したとき残留した植物混合液から抽出したものである。タールになるまで煮沸し、燃やし、すりつぶし、灰になるまで濃縮する。こうして「サル・サリス」と同様に抽出される。

　「アンジェリカ水」は強壮剤としてもちいることができる(眼の疲れや毛皮の光沢を出したりするために水に1、2滴加える)。他の霊薬の精製にもちいるために蓄えたり、優美な「アルカエウス水」を作るのに使うなど、次の段階に進むことを可能にする。

30頁図版:「アンジェリカ水」は、上と下の力を結合して、地から天へ昇り、再び地に戻る。

水のアルカエウス

分別蒸留

　蒸留の技法を習得するには、きわめて慎重に経験を積まなければならない。ヒエロミムス・ブランシュヴィグ(1450～1513)やジョン・フレンチ(1616～1657)のような錬金術師たちはこの主題に対して大部の著書をあらわしている。

　蒸留は諸々の「元素」の循環である——流体が蒸発点まで加熱され、気体になり、冷たい面に接して再び凝縮する。蒸留トレインを集めるために、耐熱ガラス器具用のホウ珪酸ガラス製の蒸留フラスコと単純なコンデンサーでガラスの受け容器を作成する(29頁参照)。

　急速な蒸留には、蒸留フラスコを直接加熱する。より緩やかな蒸留には、フラスコを水槽に入れ、その下から加熱する。一定の温度でのより温度の高い蒸留には、灰あるいは砂風呂をもちいる。

　錬金術師は数多くのタイプの「水」を知っている。「元素の水」、「カオスの水(ヒール)」、およびさまざまな他の物質、「我らが水」と神秘的な呼称の水。ごくふつうの水ですら、唯一のものではない。それは微妙な相違のある流体である。凍ると膨張する唯一の液体で、生命的な磁気を媒介する固有の性質をもっている。

　「アンジェリカ水」は「水のアルカエウス」として知られる霊薬を準備するときにもちいる。そのとき、水を12の哲学的部分に分離する手段として、分別蒸留を行う(次頁参照)。そのうちの何滴かは、たとえば発酵のような目的でもちいる水を活性化するだろう。

　12の水のそれぞれは、再び混ぜ合わせる前は、異なる目的に適合したものになっている。たとえば、何度も蒸留することによって、一つの水を、金属にこれこれと明確に作用を及ぼすように仕立てることができる。

　揮発性の流体を蒸留すると爆発することがあるので、ときとして危険である。錬金術師の実験室の多くが灰になっている。注意せよ!

1. 新鮮な雨水(雷雨の水が理想的)を1、2ガロン集める。この水は、地面、手、金属に触れないようにする。

2. 同量の水をろ過してデミジョン(細首の大瓶)かそれに似た容器に入れる。せいぜい半分ほどあればよい。

3. それぞれの容器に等量の「アンジェリカ水」を加える。エッグカップだけの分量があれば十分である。

4. 織布でしっかりと覆い、ほこりを防ぐが、容器が呼吸できるようにする。

5. 加熱乾燥用戸棚のような温かい暗所におく。夏は屋根裏などに。しばらくおいておくと、水が純化して茶色で粘液性のある物質になる。この物質は容器の底に沈むこともあるが、それは作業の完了を示している。

6. 発酵した水を正確な分量を守って、蒸留フラスコに半分入れる。

7. 4個の別々のフラスコに等しい量の液体を入れ、ゆっくりと静かに蒸留する。

現れる最初の部分は、水の火△、次いで水の空気△、最後に水の土▽である。

8. それぞれのフラスコをしっかりと密封し、その元素の記号を記しておく。

9. この6と7の段階を、用意した水がすべて蒸留してしまうまで繰り返す。最初の蒸留液から残留物が燃焼しないように注意する。

これは注意深く選別し、乾燥し、保存しなければならない。達人エルンスト・キルヒウェガー(1897or 1898〜1965)によると、これは真の世界の導き手であり、三王国のすべてで「生命の種」を含んでいる。

10. ここで、それぞれの元素状態にある部分を三つの原質に等しい分量になるまで蒸留する。水の火の3分の1は水銀☿で、次の3分の1が硫黄♁で、残りが塩⊖となる。

11. 四つの元素の部分それぞれで作業を繰り返す。

12. 4本の水銀☿を注いでいっしょにする。次いで4本の硫黄♁、さらに4本の塩⊖を同様にする。こうしてから混ぜ合わされた塩⊖に混ぜ合わされた水銀☿を加え、最後に混ぜ合わせた硫黄♁を加える。これで完成した水のアルカエウスが得られる。

プリマム・エンズ (第一存在)

塩の揮発

　蒸留の技法と塩の抽出技法を習得すると、霊薬作成者は、パラケルススがきわめて尊び、彼によって「プリマム・エンズ(第一存在)」と呼ばれた最高レベルの「錬金術的霊薬」に挑戦できるようになる。このプロセスによって達成される硫黄♄、水銀☿、および塩⊖の深遠なる統合は、魂の設計図と共鳴し、同じレベルにまで高められる。このとき、植物のもつ癒しの潜在能力は最大になる。

材料：1. ブランデーを7、8回慎重に蒸留して作成した純粋な植物水銀☿(ワインの精)、あるいは、その代替物として市場で入手できるもの(理想としてはブドウから造られたもの)のいずれか。

2. 植物硫黄♄(ローズマリー・オイルのような、香りのよい揮発性のあるオイル)。これは自分でも抽出できるし(28頁参照)、

よい売り手から購入してもよい。

3. 2と同じ植物から採った塩$\ominus$（30頁参照）。

精製方法：1. 硫黄$\lunarg$150mlを500mlのレトルト（加熱蒸留器）に静かに注ぐ。レトルトには漏れ口をつけておく。

2. 漏れ口を通して、硫黄$\lunarg$と同じ植物から採った、乾燥した純粋な塩$\ominus$30gを少しずつ加える。

3. サンドバス（砂浴）でゆっくりと、ごく緩やかに、グツグツと煮えるまでレトルトを温め、滴り出てくる物質をフラスコに受ける。しばらくすると、煮えたぎるオイルにかぶさるように現れる微細な粒子の、微妙な「降雪」を観察できる。これが徐々に増大し、レトルトのノド口まで上昇し、ガラスを凍ったように白くする。これが錬金術の驚異「塩の揮発」である。

4. 残留物が蜂蜜のような固さになったら、蒸留を中止する。

5. 硫黄$\lunarg$をレトルトに戻し、ふたたび蒸留する。今度は、受けているフラスコのなかに硫黄$\lunarg$が塩$\ominus$を洗い流すだろう。

6. ふたたび蒸留すると、塩$\ominus$はふたたびレトルトのノド口を凍ったように白くする。

7. テレビンオイルでレトルトをきれいにし、乾かしておく。

8. 150mlの純粋な植物水銀$\mercury$を加えて、ふたたび蒸留する。硫黄$\lunarg$と水銀$\mercury$が化合し、すべての塩$\ominus$が現われてくる。

このレシペは、他のどんな錬金術レシペも、経験のある錬金術師（ヘルメス派の錬金術師）のものですら及ばないものである。彼あるいは彼女がこのプロセスの、それぞれの段階をこまやかに注意すれば話は別であるが、伝統的に秘密のレシペは価値のないものに骨折って、わざわざ混乱するように仕向けている。教師は助言できるが、最近、この地上で熟練者たちはまれな存在になっている。しかし、もしも自分が挫折すると思えたなら、錬金術の格言、「学ぶ者に覚悟があるなら、師が現われるであろう」を思い出せ。

アヴィンケンナ（イブン・シーナ）はヒキガエルにつないだ鷲を放つ（揮発の象徴）という必要条件を示している。

34頁図版：「天国の塩」は、天の「秘められた火」と地における「地の塩」とを含んでいる。

サーキュラタム・マイナス

小錬金術作業

「サーキュラタム・マイナス」は植物錬金術の頂点を表し、きわめてあつかいにくい霊薬である。この手法が1690年にウルビジェラス男爵によってロンドンで初めて出版されて以来、ごく少数の者のみが習得した（精製の概要は次頁参照）。「サーキュラタム・マイナス」とは「小循環」と、「賢者の石」そのものである「大循環」を意味している（循環は密閉した容器の中で行う静かな蒸留であり、容器の中の温度が、連続的な蒸発と再凝縮に十分であれば達せられる）。

「小循環」は実際には、循環よりもしろ蒸解と蒸留に関連がある。しかし「賢者の石」に似た、素材の神秘的な高揚を示す。大きな忍耐が必要とされ、純粋さが本質にある。したがって、物質は汚染されていてはならない。

もし成功するなら、「循環物」は独特の鼻をつくような香気をもち、鋭い腐食性の味覚をもつ。次の手順で試験を行う。ミントのように芳香性のあるハーブから新鮮な緑の葉を切断し、それらをかの物質に浸す。液体はオイル状の細かい滴りになって雲のように膨れ上がり、表面にまで立ち上る。つぎに、水分を失った澱が底に落ちる。オイルは植物の化合した「原質」を含んでいる。このオイルは分離され、残留した「循環物」は容器から再蒸留され、将来の使用のために蓄えられる。

このプロセスを習得したものは誰でも、真に、錬金術師と呼ぶことができる。

材料：植物由来の純粋な原質——塩 $\ominus$、硫黄 $\uparrow\!\!\!+$、および水銀 $\female$（レモンの香りのあるメリッサソウがいいが、これには硫黄 $\uparrow\!\!\!+$ はごく少量しか含まない）；カナダ・バルサムかパイヴァ・バルサムノキ。

製法：1. 硫黄 $\uparrow\!\!\!+$ とバルサムとを同量の塩 $\ominus$ に加えて、ゆるやかに吸わせ、湿気を帯びるまで放置しておく。2. 念のため、バルサムをさらに少し加える。3. ガラスの広口瓶に入れ、わずかに呼吸できる程度にふたをし、約40℃で蒸解する。4. 軟度を同じに保つように、木製のへらで1日9回から10回かきまわす。塩 $\ominus$ は約4週間、じゅうぶんに浸しておくと、暗いガラス状の骨質に溶解する。5. 純粋な水銀 $\female$ を量で6倍から8倍加える。6. 少なくとも10日間、毎日数回かき混ぜ、40℃で密封し蒸解する。7. 色が変化するのを観察し、塩 $\ominus$ がねばねばした状態で現われてきたら、湯煎鍋でゆっくりと蒸留する。このとき、バルサムではなく、水銀 $\female$ だけが現われているか注意する。8. 再留する(フラスコに戻して蒸留する)。そして同じように、全部で7回、繰り返し再蒸留する。9. 最後にもう一度蒸留する。これが「小錬金術作業」である。

マイナーからメジャーに
変質から変成へ

　植物作業の頂点に到達したら、錬金術師は迷うことなくその先に進んでいく。「サーキュラタム・マイナス」は神秘的な「変成」を明らかに成し遂げているが、この一歩先に、実際に元素の金属を金に変成する「大いなる循環」があるといわれている。

　たとえば、科学者ヴァン・ヘルモント（1580〜1644）や17世紀の医者ヘルヴェタスのような懐疑的学者たちのような、しかるべき権威が書いたものによると、にわかには信じられない話だが、「賢者の石の粉末」をもちいて卑金属を金に変成するのを目撃し、自分でもそれをやったという。これら「賢者の石の粉末」は不思議な外国人が作ったもので、しかもこの外国人ときたら、やっと探し出したのだが、いつか消えてしまった、という。伝説上の人物、フランス人錬金術師ニコラ・フラメル（1330〜1418）の場合は、たまたま珍しい古代の書物を入手する機会があり、ついには「石」を発見し、途方もない富と不死とを得るにいたった。

　しかし、このようなことが、本当に起こりえたのだろうか？　得体の知れない錬金術師ファルカネリはこのプロセスにいくらか光を与えるであろう。1937年に彼と会ったフランスの核物理学者ジャック・ベルギエールが、つぎのように述べている。

　「近代科学は、力の場といっているものを創り出すために、物質とエネルギーを操作する。この力の場は観測者に作用し、彼を、宇宙に関する特権者の位置に押し上げる。この特権のある位置から、彼はもろもろの現実にアクセスするが、それは通常、時と空間、物質とエネルギーによって、我々には隠されている。これが我々のいう"大いなる作業"である」

　こうしたことを平易な言葉で記述することはできない。理解を得るためには、錬金術師的な遠近法をすべて知らなければならない。一方、思索から行動へと移行するために、われわれはまた、物質そのものを完全に知らなければならない。錬金術では、錬金術師たちの共感にもとづく参加が、鍵になる。

正反両極を支配する極性の師である錬金術師（上）と、彼が自分の工房で光を求めて祈るところ（下）

オプス・マグナム（大いなる作業）

回復された楽園

「大いなる作業」の目的は、「絶対者」との結合そのものである。しかしながら、このプロセスが開始される直前においても、「精気」と「魂」は下位レベルで再調和しなければならず、このとき下位レベルそのものの服従がすべての面で求められる。目的地を目指す旅行者が、財力、能力のすべてを使い果たしたとき、そして、これ以上作業を続けても「原物質」から何も得られないと認識したとき、そこからこそ「大いなる作業」が始まる。錬金術師たる者は、独力で行い、他人の助けは借りない。

偽りの自己認識で生じた結合から逃れて、「精気」と「魂」は相抱きあうことができる。洗練された硫黄と水銀はこのとき、「結婚」し、雌雄同体の子を得なければならない。これは「太陽の作業」として知られるプロセスである。ちょうどこのときより、ヘルメス的にガラスの卵に封じ込められた、この決定的な「内容物」は、非本質的なものから自由になり、隔離されて孵化する（次頁の寓意の連続の最初のフラスコで象徴化されている）。

「精気」と「魂」の結合体は、両者の原質を新しく具現化した概念を生み出す。すべてが無と化したとき、恐ろしい黒い面相の「ネグレド」を象徴化した「カラスの頭」が出現し、この概念を封じ込める。この後、おそらく、この「内容物」は軽くなっていくが、そこで分離・離脱が起こり、すべてがガチョウの羽のように舞い立ち、揮発するように見える。これらの灰から、新しい生命が現れる。図左のフラスコにある三つの花は純粋化した「トリア・プリマ」を象徴化している——「死者」は復活している。

すべてはきわめて容易な業であるように見えるが、錬金術師たちの大多数は、この地点にまで達しない。それは最初に選んだ物質に誤りがあるからであろう。

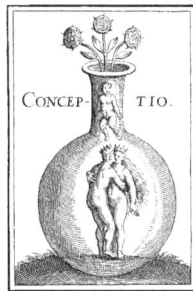

CONCEPTIO.	PRÆGNATIO.	COLOR COELESTINUS.	COLOR COELESTINUS. cum tua terra nigra.
純化した原質の和合	揮発しない、固定されたものが揮発され、女性が男性を吸収する	女性と男性が和合。神々しい青が現れる	青の中に黒い土が現れる
 Caput Corvi Putrefactio Philosophorum.	Caput et lac Corvi dealbatur Virginis	Caput Separatio Corvi animæ à corpore.	Caput totalis Corvi separatio animæ à corpore.
カラスの頭、哲学的な腐敗	カラスの頭、乙女の乳により目撃される	カラスの頭、身体から分離した「魂」	カラスの頭、完全な分離
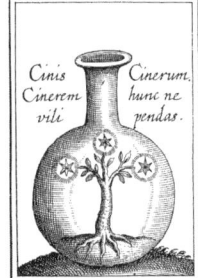 Cinis Cinerum, Cinerem hunc ne vili. pendas.	Medicina alba sive Eli xir album.	Medicina Rubea sive Elixir rubeum.	Projectio Augmentatio.
残留した灰を軽んじてはならない	白いエリクシル、第1段階完成	赤いエリクシル、完全な不揮発	卑金属から貴金属への変質により、「石」の力が増大する

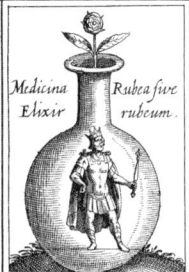

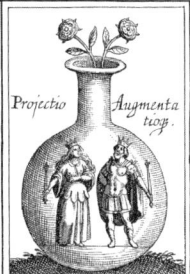

41

ラピス・フィロソフォラム
賢者の石

「賢者の石」を精妙に作成する鍵になるのが「プリマ・マテリア（第一物質）」である。これを識別するのが錬金術にかくされた最大の秘密である。この始原の物質はすべての被造物の中にあるが、だからといってすべての物質から抽出し純化できるものではない。それができる唯一の物質がある。この「唯一のもの」あるいは「プリマム・アジェンス」とは何であろうか？　錬金術の教本をみると、達人たちの答えは謎ばかりである。「それは石でない石である」、「……下働きの下女によって通りに投げ捨てられており、子供たちがそれで遊び、しかもだれも貴重なものと思わない……」と。ごみのようにふつうのもので、どこにでも見出され、どこにでもあって、「地上にあるものでもっとも汚い、もっとも卑しいものと思われている」。もしもこれが識別できれば、「プリマ・マテリア」はその足枷（あしかせ）から解き放たれ、微小なものが総体なるものから分離され、そこに「哲学的水銀」が歩みでてくる。このプロセスの残りは「女性の歩みと子供の遊び」である。

「作業」は自由になった原質（前頁）との結合で始まる。「静かにそして大いに巧妙なる工夫をもちいて」熱を加えることによって、われわれは「自然」がその途（みち）をとるのを認める。「作業」の進歩は、物質が示す色彩にしたがって観測される。もし「ネグレド」が生き延びていたら、そこには「白いアルベルド段階」を告知する羽根を広げるクジャクのようなさまざまな色彩、「白い女王」、「白いライオン」あるいは白鳥の到着、さらに、銀に変成し、もし摂取できたなら不死を与える「エリクシル」へ、と続いていく黄色い燭光があるはずである。その次の物質の赤化は、「赤い王」、不死鳥の凱旋である「ルベド」である。重い、ぴかぴか光る、蝋状の粉末、これが「賢者の石」である。三つの王国すべてで普遍的な医薬として働き、そして、金と蒸解するとき、金の何千倍もの重さの溶解した金属を、金に変成する「賢者の石」になる。

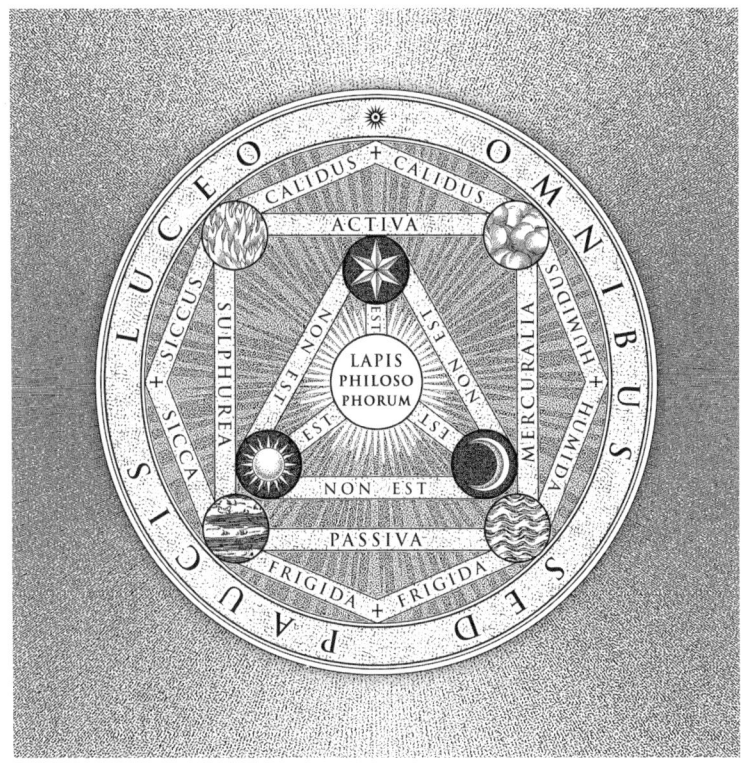

賢者の石——万物のため、我は輝くのみ。

| 大宇宙 | 人間 | 大宇宙神 |

金を求めて
前方に、上方へ

　本書は錬金術のほんの手がかりとしてのみ役立つであろう。錬金術の秘儀は、錬金術の諸原質をしっかり把握するのはもちろんのこと、膨大な判じ物のような文献と占星術を徹底的に理解し、基礎知識をもたなければ得ることができない。実際にこうした秘儀を責任をもって効果的に行うのと、理解をするのは別のことである。多くの錬金術師たちは医者ではなく、彼らが開業医たちに提供する治療薬の処方箋は、開業医たちの判断にゆだねられている。

　自らの処方にしようとして錬金術をもちいるときの効果的な方法は、一週の曜日ごとに、その曜日の惑星に呼応する安全なハーブをもちいて秘薬をつくることである（56頁参照）。日曜日に、太陽の秘薬を2滴。月曜日に、月の秘薬を1滴。こうして調子を正し、身体内宇宙の調和をとる。

　もし食欲が盛んになり、興奮して腕まくりするようであれば、処方では欲求不満が嵩じていて災難になりかねないので注意する。水銀は、これまで警告してきたように、非常にあつかいにくい霊媒である。自己満足、過度な熱望、不注意を厳として戒めなければならない。しかしながら、十分注意してあつかえば、比類ない効果が得られる。

　錬金術の金言、"*ora, lege, lege, lege, relege, et labora !*"（祈れ、読め、読め、読め、さらに読め、しかして作業にかかれ!）に従って霊媒をあつかえば、世界の栄光を手にすることになろう。

「永遠なる誕生、落下からの復活、賢者の石の発見、これらの間には、なんら異なるところがない」
ヤーコブ・ベーメ、靴屋で神秘主義者（1575〜1624）。

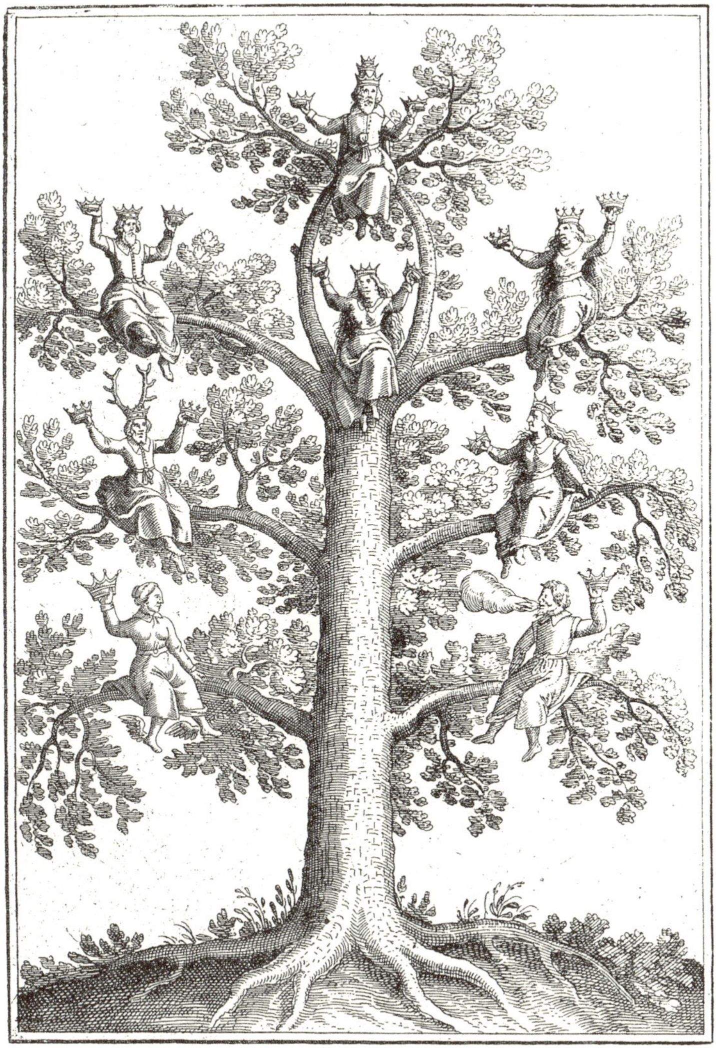

基本的な冶金学

☉ 金（融点1064℃）は高度に可鍛性があり、たやすく加工できる。金は鉱床に自然の形で存在し採掘できる。鉱床がひどく侵食作用をうけると、河床に貴重な金のナゲット（塊）が露呈することがある。先史時代に金で作られた人工遺物をみると、ときどき銀の「混ざりもの」があり、古代人はこの金と銀の合金を**エレクトラム**と呼び、貨幣に用いていた。**セメンテーション法**によってこの金と銀を分離できる。セメンテーション法では、金と銀の合金と塩を混ぜ合わせて、銀を塩化イオンにして溶け出すようにする。アクアフォルティス（強水、49頁参照）を用いて、金と銀を分離することもできる。この場合銀だけが溶け出す。

☾ 銀（融点962℃）は、金に次いで延性、可鍛性に富み、金と同じように加工しやすい。ごく稀ではあるが、自然の状態で銀をみることがある。空気中で硫黄や硫化水素にさらされると変色して黒くなる。方鉛鉱には銀が含まれていて、鉛を灰になるまで加熱すると酸化鉛になり、少量の銀の溶球ができる。このとき骨灰製のるつぼを用いると、酸化鉛は吸収される。この工程は灰吹法といい、古来、銀を製造する主要な方法として知られている。

♀ 銅（融点1085℃）は可鍛性に富み延性がある。広く武器や道具で用いられた最初の金属で、紀元前6000年ころにはもちいられていた。初期には、何度も繰り返してハンマーでたたき、砕けた銅を白熱光を発するまでかまで焼き、次いでそれをゆるやかに冷却する焼きなましで鍛えた。精錬した銅で作った器物、武器などは紀元前4000年ころに現われた。初期の時代、精錬工たちは銅鉱石で、色鮮やかな顔料マラカイトグリーンを作った。銅鉱石を1100℃から1200℃の温度で陶芸炉におくと、銅塊を形成することがあり、初期の溶解製錬のインスピレーションはここから得られた。

♂ **鉄**（融点1085℃）は、地球上でもっともよく知られた金属であるが、ほとんどが自然の状態では存在していない。古代人は隕鉄（金属鉄からなる隕石）のような形で鉄を発見していたが、石と同じようにあつかっていた。紀元前2500年には、人工的に鉄を作っていたが、広く使われるようになったのは、それから千年以上たってからである。鉄は木炭で容易に還元されるが、1100℃以上の温度でなければ生産できない。初期の精錬鉄はスラグ（鉱滓）の混ざったスポンジ状の塊で、これを加熱し、ハンマーでたたいてスラグを外に打ち出し、それから鍛錬した。

♄ **鉛**（融点327℃）は、きわめて延性があり鍛えやすく、容易に腐食しない。自然の形では存在しないが方鉛鉱として存在していて、これからたやすく純粋の鉛を取り出すことができる。キャンプファイアーの跡でも、溶けた鉛を集めることができる。これは冶金の一番重要な過程の手がかりとなるもので、鉱石の還元は液化を伴い、役に立たない物質、いわゆる脈石から金属が溶解し分離される。

♃ **錫**（融点232℃）は、自然な形では存在しない。延性があり鍛えやすく、容易に腐食しない。紀元前2000年前後に発見されたとするが異論がある。木炭を用いて還元することで製錬する。初期には、錫を鉛の一種であると考えていた。古代の銅精錬工は、銅に異なる鉱物を混ぜ合わせると、容易に溶解し強度のある金属、青銅（ブロンズ）ができるのを発見した。錫は結晶構造をもち、変形すると音が出るがこれを「スズ鳴き」と呼ぶ。

☿ **水銀**（融点−39℃）は常温で液体になっている唯一の金属である。初期には、なめし皮を用いて絞り出す純化方法があったという。非常に毒性が高く、長い間それで名高かった。辰砂（硫化水銀）のような鉱物から水銀を抽出するが、水銀化合物は適当な温度で分解したり揮発したりするので、その性質を利用して水銀を蒸留して抽出していた。水銀は金銀を他の金属から分離する。この過程を**アマルガム法**といい、金や銀を不純物と分離するときに用いられていた。

この他に、中世には四つの金属が発

見されていた。アルベルトゥス・マグヌス (1193～1280)がヒ素を発見したが、それはヒ素を含む酸化物を、その二倍の重さの脂肪酸金属塩で加熱したときのことである。**アンチモン**は鉄の鉢の中で、輝安鉱をあぶり焼きして作る。**ビスマス**は16世紀の末に、酸化物を木炭で還元しているときに発見された。**亜鉛**は1400年ころ中国で知られていたが、これも酸化物を木炭を用いて還元しているときに発見されている。18世紀末に、銅に亜鉛と炭素を加えて最初の**真鍮**を作った。新大陸ではコロンブス以前に、先住民たちにより**プラチナ**が使われていたが、これは16世紀になって初めてヨーロッパに知られるようになった。

錬金術の化学

　無機酸は化学反応によって精製した非有機的な酸である。以下に掲げる三つの酸と「王水」では、その発見に8世紀のジャービル・イブン・ハイヤーンが関係している。絶対に酸に水を加えてはならない。水を加えると化学反応でかなりの大量の熱が発生し、煮立ち、噴出し、危険を招くおそれがある。常に水の方に酸を少しずつ加える。

　硫酸は最初、ジャービル・イブン・ハイヤーンによって「ザイト・アルザイ」と名づけられたが、現代では硫酸の名でより知られている。緑礬(りょくばん)(硫化鉄)、あるいは青の胆礬(たんばん)(硫酸銅)を乾留して作られる。燃焼したとき、水と硫黄三酸化物を発して酸化物に分解する。ここで、これら酸化物が化合し、硫酸の希薄な溶液になる。錬金術師ヨハン・グラウバー(17世紀)は、蒸気の中で硝石と硫黄をいっしょに燃やして酸化させている。硝石は硫黄を分解し酸化させて三酸化硫黄を発生するが、これが水と化合して硫酸になる。後になってこの過程を工夫したのが、黄鉄鉱を空気中で加熱し、無水硫酸鉄を形成する方法である。480℃まで加熱すると分解して酸化鉄と三酸化硫黄ができる。この気体は、水の中を通すことにより望んだ濃度をもつ硫酸を作ることができる。

左図は、この気体が溶解するとき、水の「吸い戻し」を防ぐ二つの方法を示している。

硝酸は**アクアフォルティス（強水）**あるいは**硝石精**として知られていたもので、硝石と明礬に硫化鉄を加えて蒸留して作っていた。以下に示すのはグラウバーが用いていた方法に基づいている。硫酸塩と硝石のそれぞれの濃縮油をほぼ等しい割合で用意し、レトルトに置く。レトルトを加熱すると、茶色がかった赤い燻蒸気が出てくる。これを冷やした容器で濃縮すると茶色の液体ができる。蒸留をさらにおこなって純化していくと、強水が蒸発し不純物の色が減少する。

塩精あるいは**塩化水素酸（塩酸）**は、塩と硫酸を反応させて作る。**サル・ミラビリス（硫酸ナトリウム）**と酸性の猛毒、塩化水素ガスが発生する。生成される気体は、硫酸の濃度が高ければ、水を通過させることで塩精の溶液を作ることができる。左図は、この気体が溶解するとき、水の「吸い戻し」を防ぐ二つの方法を示している。硫酸が希釈されると、何種類かの気体ができ、それらの気体は容器にある水で塩化水素水溶液（塩素）を形成する。塩酸を得るには塩を過剰に用いるが、できあがった溶液を蒸留して水性塩酸が作れる。あるいは最初に塩化水素ガスを煮沸しておき、容器の中に残っているふつうの塩とサル・ミラビリスとを混ぜ合わせる。硫酸を過剰に用いると、一度蒸留された溶液がサル・ミラビリスの結晶になる。

王水は、文字どおりに王と呼ぶにふさわしい水で、金やプラチナを溶かすことができる試薬の一つである。これは強水（硝酸）と塩精（塩酸）を混ぜ合わせたものである。濃縮した硝酸と塩酸を割合1対3の比率で用いるとよい結果がえられる。王水はすぐ効果が薄れるので、使うたびに新しく混ぜ合わせる。

アルカリは、アラビア語のアル-カリ（塩性植物オカヒジキの灰）からきたもので、水を加えると苦くて苛性のある不安定な溶液を作る、ナトリウム、カリウム、カルシウムなどの金属塩である。塩基性の強い塩基を強塩基（強アルカリ）、弱い塩基を弱塩基（弱アルカリ）と呼ぶ。

石灰あるいは**生石灰（クイックライム）**は、石灰石を900℃程度で焼成して作る酸化カルシウムである。白亜（チョーク）は、軟らかい多孔性の石灰。石灰焼成は古代人が石灰モルタルを作るときに行われていた。**消石灰**は石灰を水で消和（冷やし緩和する）することで得られるアルカリ水酸化カルシウムである。この過程で高熱が発生する。きめの細かい消石灰が冷えて水に浮かんだものを**石灰乳**といい、これは酸と激しく反応し、多くの金属に対して化学作用をもたらす。消石灰を580℃以上に加熱すると、分解して石灰と水になる。純粋な消石灰を水に溶いて石灰塗料（のろ）をつくる。その方解石結晶を乾燥させると表面に独特の輝きが生まれる。水性白色塗料は、ニカワ、塩、米粉、モラッセ土などの添加物と、これに消石灰とチョークとを加えて作る。

灰汁（あく）は、その名が示すように、木灰からきわめて容易に作れる。灰を水と混ぜ合わせ、水がどろどろになる限界まで灰を加える。途中、そう頻繁でなくていいが、沈殿物ができないように、かきまぜる。また、他の不溶性の物質から溶解性灰汁を抽出することができる。こうしてできる溶液はフィルターにかけ、蒸発して不純物をとり除く。焼成すると、さらに純化する。こうしてから、塩類を溶解し、フィルターにかけ、ふたたび蒸着する。これを必要なだけ何度も繰り返す。

ソーダ灰（炭酸ソーダ）は灰汁と同様に、植物の灰から作られる。オカヒジキやケルプのような海藻類は、いずれもナトリウムを多く含んだ原料になり、両者とも灰汁を含む物質になる。より純粋なソーダ灰をルブラン法で作ることができるが、この方法は、現在ではおこなわれていない。「サル・ミラビリス（不思議な塩）」をとり、それを石灰岩と木炭といっしょに、赤熱する温度で融解して黒灰を作る。ここで冷やすと、ソーダ灰が滲出する。この反応では、他の物質は溶け出さない。ソーダ灰は自然に、とくに季節湖が蒸発するところで発生することがある。例をあげると、含水炭酸塩の「ナトロン」がある。自然に発生するソーダ灰と重炭酸ナトリウムの混合物で、ナイルのデルタ地域、下エジプトにあるいくつかの湖の周辺で発見されている。

ナトロンはミイラをつくるときに用いられている。

リーはソーダ灰(炭酸ソーダ)、あるいは炭酸カリウムの溶液である。**苛性ソーダ(水酸化ナトリウム)**や**苛性カリ(水酸化カリウム)**の溶液にも用いられる。石灰乳をソーダ灰、あるいは灰汁と混ぜ合わせて調合する。この混合物で、苛性ソーダ、苛性カリ、浸出石灰を作る。中世の処方では、苛性ソーダ結晶をつくるとき、消石とソーダ灰をそれぞれ1ずつの割合であわせ、7の割合の水を入れる。全体の量が半分になるまで煮立たせ、10回漉しとって容器に移しかえ、水分を蒸発させる。

PH試験紙は酸や塩基の試験で用いられる。単純な試験紙は赤キャベツで作ることができる。赤キャベツを大きめに切って、ぐつぐつと煮詰めると、水が濃い紫色になる。この水を冷やし吸水性のある中性紙に滴らし、その後低温で焼いて乾かす。

試験紙は酸でピンクになり、塩基(アルカリ)で青、あるいは緑になる。リトマス紙はリトマスゴケのような地衣類から作られるが、酸で赤、塩基で青になる。20世紀の工業的な処方では、灰汁、尿、石灰で地衣類を発酵させていた。さらに簡単な処方では磨り潰した地衣類を煮沸して色彩をもつ物質をとりだすことができる。青のリトマス紙はこのリトマス混合物に、白い紙を含浸させて作る。赤いリトマスは同じ方法で作るが、ごく少量の酸を滴らせれば赤色になる。

硝石(硝酸カリウム)は、ある地域では、岩石の上で粉を吹いているのがみられる。これをサル・ペトラ(岩の塩)と呼んでいる。この原料から硝酸カリウムを得るには溶解し、ろ過し、結晶化するだけである。また別の方法でも得られる。反芻動物の排泄物、腐敗した植物質、鉱石のずりを、藁を何層も重ねた通気性の良いコーンの中で、石灰含有量の高い灰汁に混ぜ合わせる。この堆積物は週ごとに変化があり、反芻動物の発酵した尿で液状になる。しばらく「熟成した」状態にしておくと、表面に白華(はっか)ができる。これを溶解し、ろ過し、蒸着すると精製していない硝

石を得ることができる。溶解中に灰汁を加えると、カルシウムとマグネシウム不純物が反応し、これをろ過すると、多量の硝酸カリウムと凝結した炭酸塩が形成される。この溶液に少量のニカワを加えると、表面に不純物の被膜を形成するので、これをすくいとることで、さらに不純物を取り去ることができる。この硝酸カリウムの余ったものを、沸騰する湯の中で溶解してさらに精製する。硝石は、不純物よりも溶解しやすいので、溶解しにくい不純物が固体で残り、溶液はほとんどが硝石になる。これをろ過し、落ち着いたところで注意深く別の容器に移す。これを蒸着すると、花のように配列された、美しい針のような硝石の結晶が生まれる。**チリ硝石**という名称は南米で広く埋蔵されているのでこの名がついた。

サル・アンモニアク（塩化アンモニウム）は噴煙を出している火口近くの火成岩の上に形成される。エジプトとリビアとの国境の町シーワにある古代エジプトのユピテル＝アモン（アメン）神殿で、ラクダの糞を燃やし、噴煙から凝縮した白色の残留物を集めて作っていたため、アモン神の塩（Sal Ammoniac）と名づけられた。

錬金術師ジャービルの尿塩酸の製法では、尿と塩との混合物を加熱して塩化アンモニウムを作っている。窒素を含む有機物質を分解蒸留するとき、多少の**アンモニア**が形成される。アンモニアは、腐敗した尿、人間の髪の毛、および雄牛、牡鹿の角と蹄（ひづめ）などが原料として知られており、「気つけ薬」になっている。文献によって、上記の角と蹄を乾留して形成される白い結晶物質が、化学的には炭酸アンモニウムであるのに、「サル・アンモニアク」とされるなどの混乱がある。サル・アンモニアク（塩化アンモニウム）はアンモニアと塩酸に分解するが、この両者は金属に破壊的な化学作用を及ぼす。アンモニウム塩は加熱されると、含まれているすべてのアンモニアを放出する。

燐は近代になって発見されたものだが、ここで触れておく価値がある。記録では1669年にヘニング・ブラントが初めて作っている。ふつうの人間は、尿1リットルにつき燐1.5グラムを排泄しているが、彼は尿を蒸留し、その残留物を、木炭の粉末と混ぜて加熱した。尿を蒸着するとき発生する蒸気は蝋のような

塊に凝縮して、闇の中で光を発するようになる。さらに詳しいライプニッツの解説をみると、尿を煮立たせて濃いシロップになるまで蒸発させる。さらに加熱すると、そこから赤い油が凝縮する。それを容器から出す。残り物を冷やしておき、細かく磨り潰す。赤い油をこの磨り潰した原料に戻して混ぜ合わせる。その混合物を16時間強く加熱する。最初に白い炎、ついで油、燐の順で現われてくる。燐を固めるには、冷水をくぐらせるとよい。

バスマス

インド錬金術には金属由来の薬品**バスマス**(サンスクリット語で粉末)を作る方法が伝えられている。植物の灰を用いて、金属の原成分の痕跡が残らなくなるまで混ぜ合わせるのだ。この製法の目的は、有機物と非有機物とを密接に結びつけることである。毒性はなく、治癒成分が身体に吸収される。亜鉛(錫と同じで♃に対応している)は調合しやすくウコンを使ってバスマスを作ると、すぐれた免疫促進剤になる。

製法：1. ボールの中でヨーグルト1、水2の割合で混ぜ合わせる。

2. ステンレスさじに化学的に混じりけのない亜鉛2グラムをとり、ブンゼンバーナーで溶かす。

3. ちょうど溶けたとき(白化してはならない)、手早くヨーグルト水に注ぐ。

4. 細かな金属片を漉して水で洗う。

5. 2から4の処置を6回以上繰り返すと、金属がすっかりもろくなる。ここで完成したものが「第一ショダナ(精錬)段階」である。大形のステンレスさじで亜鉛を再び加熱する。

6. 部分的に溶けてきたら、磨り潰したウコン(すっぷ)を加える。

7. しっかり混ぜ合わせる(火が付いたら吹き消す)。

8. こげた物質が白くなりだしたら、さらにウコンを加え、絶えず混ぜておく。

9. 金属と植物物質はアマルガム化していく。この段階が終わる前に、さじにとった中身がふきこぼれ出したら、あふれたもの

を取り除き、手順を続けていく。細かい塊(かたまり)が見えなくなるまですべての亜鉛を混ぜ合わせなければならない。

10. 耐熱磁器のポットに物質を取り出して、新しく磨り潰したウコンを同量以上加える。

11. 蒸留水、あるいは雨水をたっぷり加えて、軟らか目のペーストを作る。酸化した亜鉛に含まれている硫黄が赤らんだ色で現われてくる。

12. これが、第一バスマス段階である。ポットを高温に熱したブンゼンバーナーにかざす。酸化しないよう蓋をかぶせる。蓋は、蒸気が漏れる程度で外気が入らないいど、きちんと閉じない方がいい。

13. この混合物の表面にオイルがいぶりでる。少なくとも3時間加熱していると、この間に「バスマス」がダークグレー色になっていく。

14. 火を止め、少し冷ましておく。

15. ポットにできている混合物と同じていどの量のウコンをあらたに大量に磨り潰してかなり軟らか目のペーストを作る。

16. このペーストを温かいバスマス混合物に加える。かき混ぜながら、ペーストが硬くならないように水を加える。

17. 16の作業の結果できた物質を用いて、12から16までと同じ手順を合計で40回繰り返す。

火は偉大な変成と純化を行うもので、この作業が終わるときに、「バスマス」は静かにこすると指の指紋に入ってしまうほどの細かい灰になっている。光をあて顕微鏡で見ると、原材料の亜鉛が全体的にアマルガム化しているのを確認できる。アマルガム化していない分子があると、光に反射しない。すべての過程を首尾よく行えば、「バスマス」をごく少量水に混ぜると強壮剤になるので、毎日飲用するとよい。

発　酵

発酵とは植物がアルコールを作る過程をいう。アルコールは化学的にいうと、酵母と植物に含まれる糖質との相互作用で作られる。どんな植物も、その表面にそれぞれにふさわしい状態で、自然に発酵する酵母を大量にもってい

る。錬金術でもっとも良質といわれるエキスは自然な発酵で作られる。

製法：1. 新鮮なハーブを大量に、細かく刻む。

2. 金属製でない容器に、大量の水をいれ、最大で5回ハーブを水に浸す。

3. 静かに蓋をし、16℃〜28℃に温度を保つ。

4. 木製のさじで、毎日2回かき混ぜる。3日以内に発酵が始まる。発酵が始まると、植物物質が表面に上り、かき混ぜたとき発泡する。これは二酸化炭素で、発酵の過程でできる副産物である。

5. 発酵が起こらなかったら、あらかじめ用意しておいた少量の砂糖を植物の汁が腐る前に加え、酵母を活性化させる。あるいは発酵を確実にするため酵母と砂糖を開始時に加えるという別の選択肢もある。

6. 醸造物を1日2回かき混ぜる。蓋をあけ放しにしないで、きつくない程度に閉めておく。こうして醸造物の表面に二酸化炭素の層を作ると、酢酸菌から醸造物を保護し、大量のアルコールを製造することができる。もし酢酸菌が増殖したら、醸造物をろ過し凍らせると、酢をまとめて除去できる。酢は水よりも低い温度で凍るので、氷結せず残留した酢を取り除いて、これをまた凍らせる。この過程を繰り返して酸度の高い酢を得る。この物質は、とくに鉱物作業で、きわめて役に立つ錬金術物質である。醸造物が発泡しなくなり、植物物質が底に沈んでしまったら、発酵は完了である。

7. 発酵が止まったらすぐさま蒸留する。蒸留は植物の硫黄♀と水銀☿の双方を分離する。

8. 蒸留では水の量を最低限に抑える。こうすると、すべての硫黄♀と水銀☿が現われるので、ときどき蒸留液の味見をする。味が悪かったら発酵を中止する。

9. アルコール計器があれば蒸留液を味見して、アルコール含有量を確定する。保存するためには、少なくとも16％のアルコール度数がなければならない。

10. アルコール度数が低ければ、純エタノール（96度かそれ以上）を加える。もしサル・サリス（塩の塩）とサル・サルフィラス（硫黄の塩）が抽出されているなら（30頁参照）、この蒸留物に加えると、錬金術師のエキスが得られる。このエキスは上質のワインのように、年を重ねていくにつれよくなっていく。

植物と惑星の一致

惑星はあらゆるレベルで我々のすべての機能を支配している。錬金術の薬物は我々の体の内部の太陽系を整え調和する。たとえば、体内のヴィーナス（金星）が力を高めることを欲するなら、錬金術のノコギリソウや、その他のヴィーナスハーブのエキスが役立つだろう。諸惑星の主要な特質と支配星、それと惑星が支配する植物を掲げておく。

☉ **太陽**は生命力であり、意識であり、個々の人のソール（魂）である。太陽は硫黄に対応し、熱い、乾燥した、男性的な原質、活発な、感情を発生させる種であり、「石の父」と呼ばれている。太陽の影響は恵み深く、しかし、過剰であると高すぎるプライドやエゴの元になる。「月」の影響で冷却し、加湿しなければ、乾ききって燃えてしまう。太陽は心と活力と意志力を支配し、生理学的には、心臓、眼、循環系など健康全般を支配する。

ヤドリギ

アンゼリカ（セリの一種）；ローマカミツレ（キク科）；トスゴム（乳香）；コーパル；ショウブ；マリゴールド；シナモン；カンキツ属の木すべて；モウセンゴケのすべて；シベナガムラサキ；コゴメグサ；ヒマワリ；ヒドラスチス（キンポウゲ科）；セントジョンズ草（オトギリソウ属）；クルミの木；ドイツローマカミツレ；ミルラ、没薬（錫 ♃ とともに用いる）；米；シャクヤク；ローズマリー；ヘンルーダ（ミカン科）；ナナカマドの木；チョウジノキの木；ヤドリギ（錫 ♃ と銀 ☽ とともに用いる）；ブドウのつる（錫 ♃ と銀 ☽ とともに用いる）；ショウガ

☽ **月**は情感、本能、潜在意識を支配する。女性的、母性的、養育的、内省的、可変的である。肥沃・多産、成長、概念、受胎に影響を与える。大洋の水、植物の液汁（樹液）、体内にあるすべての流体は、月の影響を受け、潮汐や女性の月経でその影響を知ることができる。万物は、月の運行とリズムをもとに成長する。夢、情感、官能、直覚を支配する。月の暗黒面は、無意識で粗野であり低劣な本能である。太陽の花嫁、ギリシアの月の女神

ディアーナである。月は白い女王、白いライオンであり、金属を銀に変える、不死の秘薬エリクシルである。太陽が硫黄で、月は水銀である。それはすなわち、冷たい、湿った、受動的な、女性的原質であり、硫黄の種を受胎し、半陰陽者の子供を得る。生理学的に、月は胃、小脳、女性的再生器官、リンパ系、膵臓を支配する。

キャベツ

アカンサス属；イタリアニンジンボク；ヒナギク；キャベツ類；ハナタネツケバナ（アブラナ科）；キュウリ；カボチャ；ウコン；ヤエムグラ（アカネ科）；イリス（アヤメ属）；レタス；ニクズク（ナツメグ）；スイレン；ヒメハナワラビ；ヤナギ；ユキノシタ；ムラサキベンケイソウ；ナデシコ科；リンデン；ヤクヨウベロニカ；ツルニチニチソウ；ほとんどの水生植物

☿ **水星**はもっとも速く運行する惑星で、天と地のあいだをスピーディーに伝達する役割を担っている。水星は、精神的な諸過程、旅行、通信、言葉、書きもの、適応性、知性を支配する。ヘルメス／トト／マーキュリーと同じ両義的な性質を分かち持つ。惑星仲間として、水星はいたずら好きでトリックスター的な性向があり、欺瞞とうぬぼれが現れる。両性具有であり、すべての反対物を含んでいるので、農耕の神サートゥルヌスとは敵対関係にあるが、両極的対立を苦にしない、独立した管理者である。惑星としての水星は、硫黄と水銀として対をなす金属の水銀と混同されてはならない。生理学的に、水星は神経系、聴覚、舌、喉、肺、筋肉協調、脊髄を支配する。

アカシア種；イノンド（セリ科）；南欧産のニガヨモギ；マンドラゴラ（鉛♄と銀☽とともに用いる）；ブリオニア（ウリ科）；カラミント；ヒメウイキョウ（セリ科）；ハシバミの実；ニンジン；フェンネル（錫♃とともに用いる）；ヒメフウロ（銅♀と鉄♂とともに用いる）；イチョウ；カンゾウ；ラヴェンダー（錫♃と金☉とともに用いる）；マージョラム（シソ科）；ニガハッカ；オレガノ（シソ科）；パセリ；アニス（セリ科）；セボリー；タツナミソウ；セイヨウカノコソウ

♀ **金星**は愛、芸術、音楽の惑星である。金星は敵対物を和らげ調整し、多様な元素を調和のとれたバ

ランスにまとめあげる。金星（ヴィーナス）は「愛の女神」であるが、エジプト、インド、ユダヤでは金星は男性である。インド人には「スクラ」で、トトと同様に教師であり医師である。「スクラ」は「不死のエリクシル」をもつと伝えられている。金星の影響はきわめて恵み深いが、悪く影響を受けると、性的・官能的に過剰となる。金星は、容貌、乳房、胸線、生殖力、腎臓、体内の生殖器、血液と細胞の構成、および嗅覚を支配する。

タバコ

セイヨウノコギリソウ；キランソウ属；ハゴロモグサ（バラ科）；アガルモード、ウード（錫♃とともに用いる）；アダマキ；ゴボウ；ヨモギ；カバノキ；ヨーロッパグリ（錫♃とともに用いる）；メハジキ属（シソ科）；ミント類のすべて；イヌハッカ；モモ；サクラソウ；エンドウ；リンゴ；バラ（錫♃とともに用いる）；ビャクダン（銅♀とともに用いる）；サボンソウ；アキノキリンソウ；ナツシロギク；タイム；小麦；クマツヅラ；ベチベルソウ（イネ科）；スミレ

♂ 赤い惑星、**火星**は、激しく男性的で、活発、動的な原質である。火星のもたらす効果は、激化し、加速し、激しくなる。火星は伝統的に戦争の神とみなされ、土星とともに、他の惑星と対立する有害な星であるとされている。火星の否定的な側面として、無慈悲、破壊、野蛮があげられ、肯定的側面として、決断力、意志力、勇気、熱情があげられる。火星は筋肉系、生殖器官、血液組成を支配する。パラケルススの語るところでは、火星は頭脳極と生殖器とに通じる極性を支配しており、インド錬金術における「クンダリニー（生命の根源が存在する背柱の基部）」と同様な働きをするものといわれる。

タマネギ；ニンニク；ヒイラギナンテン属；ブリオニア（ウリ科）；トウガラシ；サントリソウ（キク科）；セイヨウワサビ；コエンドロ（コリアンダー）（銅♀とともに用いる）；サンザシ；タツナミソウ；ホップ；ペニローヤルミント；タバコ；ヨヒンベ（アカネ科）；マツ；オオバコ；プランテーン；キジムシロ属；ダイオウ（錫♃とともに用いる）；アカネ；サルサパリラ；ダミアナ；イラクサ

♃ **木星**は、目で見えるもっとも大きな星である。土星のもつ限定

的で、抑制的である諸性質とは対照的に、木星は開放的で、寛大で、温かく、陽気である。木星は自然の火であり、万物にある「暖かみ」である。神話では、木星は好色で、わがままな神である。この傾向が強まると、木星の主たる弱点となる。他の惑星とおなじように、星位が悪く移ると諸性質が逆になる。木星は法律、調和、宗教を主宰する。生理学的には、木星は肝臓、免疫システム、循環、消化、大腿部、足、歯を支配する。

エイサル：カエデ（シカモア）；トチノキ；セイヨウキンミズヒキ；シバムギ；アーモンド；チャービル（セリ科）；カッコウチョロギ；ヨーロッパグリ；フェンネル（錫 ♃ とともに用いる）；マンナ；カラクサケマン；イエロー・ゲンチアナ；メリロート；メリッサソウ（シソ科）；バジル（鉄 ♂ とともに用いる）；ヤクヨウニンジン；アプリコット；セージ；トマト；ヨモギギク；タンポポ；ダイオウ（鉄 ♂ とともに用いる）；ビロードモウズイカ

コンフリー

♄ **土星**（農耕の神）は物質世界と精神世界との間にある「しきいの守護者」である。しきいを越えるとこ ろで物質への降下が始まる。目に見える惑星でもっとも遠くにあり、もっともゆっくりと運行している。制限と抑制を表す。「秩序、自己認識、鍛錬の王」として、土星はきびしい監督者になる。土星はすべての結晶と硬化の手順に対して、骨格と時間経過の規則を作り支配する。土星は「死」とも「時の翁」ともいう骸骨の姿で現れ、大鎌をふるって情け容赦なく古きもの、要なきもの、価値なきものをなぎ払っている。これは、錬金術師作業で現われる物質の浮きかすや不純物の除去を象徴していて、大鎌を振るう業に一致する側面がある。土星の影響をうけた陰気な状態に、リウマチ、うつ病、慢性疾患がある。

ベラドンナ（鉄 ♂ とともに用いる）；タイマ；カンフル；イトスギ；オシダ；ヤナギラン；ヤーバサンタ（セリ科）；ウマオシダ；ブナ；コロハ（マメ科）；カラクサケマン；セイヨウキヅタ；大麦；ヒヨス；ホリー（ヒイラギ）；ケシ（銀 ☽ とともに用いる）；カバ；アマドコロ（ユリ科）；コンフリー（ムラサキ科）（錫 ♃ とともに用いる）；セイヨウイチイ

占星術の時間

錬金術の作業を行うとき、正しい「惑星日」と、可能であれば適切な「惑星時間」で、錬金術の各過程や各段階を行ない、開始するのが望ましい。このようにして、錬金術作業には惑星の運行が反映し、強く意味づけられる。欧米の伝統では「1日」を時間に分割するときに、この惑星時間が使われるが、それぞれの文化がもつ時間体系によって、時間の分割の方法は異なる。惑星時間を決める惑星の順番は、22頁にもかかげた七角形を逆時計まわりにしたものと対応している。

したがって、太陽☉に続いて、金星♀、水星☿、月☽、土星♄、木星♃、火星♂の順になっていて、この順序が繰り返される。各曜日の「1日」の始まりの時間は、当該日の星に一致する。すなわち、「日曜日」の始まりの時間は、太陽時間である。「1日」が始まると判断される時や惑星時間の長さは、採用された時間のシステムによって異なっている。

ケルト、カバラ(ユダヤ神秘主義)、イスラムの伝統では、「1日」は日没後に始まる。したがって日曜日は欧米の暦の土曜日の夜に始まる。これら体系は固定していたり、柔軟であったりする。固定したカバラ体系の時間では「1日」は午前6時に始まる。柔軟な時間体系では、たとえば、「1日」はそれがどの時間であっても、日没後に始まるというシステムがある。また、別の文化では、「1日」は日の出で始まると決まっているが、固定した体系と柔軟な体系のいずれもが受け入れられていることがある。1時間は60分だが、別のやり方としては、「1年」の時期によって昼と夜が12時間

づつに分けられる。つまり、冬は昼が短く、夏は長くなる。西欧の錬金術師たちの間で広く使われた体系は、右図にあるように、時間を七分割し、深夜から始まる。この体系がすぐれているのは、時間が一定で、日の出がその日を支配する時間の間に始まることである。

時間＼曜日	日曜日	月曜日	火曜日	水曜日	木曜日	金曜日	土曜日
0:00 to 3:26	♂	☿	♃	♀	♄	☉	☽
3:26 to 6:52	☉	☽	♂	☿	♃	♀	♄
6:52 to 10:18	♀	♄	☉	☽	♂	☿	♃
10:18 to 13:44	☿	♃	♀	♄	☉	☽	♂
13:44 to 17:10	☽	♂	☿	♃	♀	♄	☉
17:10 to 20:36	♄	☉	☽	♂	☿	♃	♀
20:36 to 0:00	♃	♀	♄	☉	☽	♂	☿

錬金術のシンボル

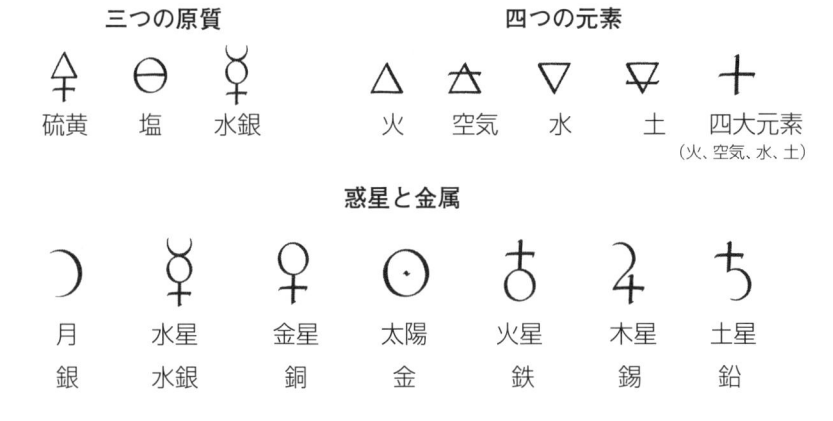

三つの原質

🜍	⊖	☿
硫黄	塩	水銀

四つの元素

🜂	🜁	🜄	🜃	＋
火	空気	水	土	四大元素 （火、空気、水、土）

惑星と金属

☽	☿	♀	☉	♂	♃	♄
月	水星	金星	太陽	火星	木星	土星
銀	水銀	銅	金	鉄	錫	鉛

著者 ● ガイ・オグルヴィ

錬金術の実践的研究家、作家。錬金術に関する著書多数。

訳者 ● 藤岡啓介（ふじおか けいすけ）

翻訳家。
訳書にディケンズ『ボズのスケッチ』（未知谷、2013年）などがある。

錬金術 秘密の「知」の実験室

2009年4月20日第1版第1刷発行
2025年2月20日第1版第10刷発行

著　者	ガイ・オグルヴィ
訳　者	藤岡啓介
発行者	矢部敬一
発行所	株式会社 創元社
	https://www.sogensha.co.jp/
本　社	〒541-0047 大阪市中央区淡路町4-3-6
	Tel.06-6231-9010　Fax.06-6233-3111
	東京支店
	〒101-0051 東京都千代田区神田神保町1-2 田辺ビル
	Tel.03-6811-0662
印刷所	TOPPANクロレ株式会社
装　丁	WOODEN BOOKS／相馬光（スタジオピカレスク）

©2009 Printed in Japan
ISBN978-4-422-21473-3 C0322

落丁・乱丁のときはお取り替えいたします。

JCOPY　＜出版者著作権管理機構　委託出版物＞
本書の無断複製は著作権法上での例外を除き禁じられています。
複製される場合は、そのつど事前に、出版者著作権管理機構
（電話 03-5244-5088、FAX 03-5244-5089、e-mail: info@jcopy.or.jp）
の許諾を得てください。